相信自己 超凡影响力

BELIEVE ONESELF EXTRAORD

沛霖·泓露 著

先相信自己，
然后别人才会相信你。
——（法）罗曼·罗兰

我首先要求诸君信任科学，
相信理性，信任自己，并相信自己。
——（德）黑格尔

中国商业出版社

四，影响力与影响力之间的关系是相互作用的。

其实人人都有着自己的影响力，只是大小不同罢了。随着环境和自身因素等的改变，我们的影响力也会发生变化，它可以越来越大，也可以越来越小。

而我们作为自己个体的芸芸众生，如果你只有自己一丁点的影响力，要不想一直以人家的马头是瞻，要不想被埋没，只有把自己的影响力发扬光大。哪怕是一株小草，你也要让它开出绚丽的花朵，吸引住人们灵动的眼球；即使是零星的火种也要燎原成熊熊大火。细观一下，有多少的英雄豪杰曾经是默默无闻，甚至忍辱负重，最后他们对生活进行了深入地思考，改变了自己，才有了自己的一席之地。在众多同等条件下的人，要想自己脱颖而出，就要营造自己的影响力，一旦获得同仁的帮助、高人的赏识以后，你的成功，你的影响也就变得轻车熟路了。

可以这么说，凡是成功的人都是具有很大影响力的人，那些违法乱纪、造成负面影响力的人除外。作为个体的人，有的人有大的影响力，有的人有小的影响力，只要发挥出应有的影响就行了。

本书教你怎样营造出自己的影响力，从而把自己培养成具有较高情商的人，这样，你的影响力才可以得到充分地发挥和施展，从而取得更大的成功。

培养影响力，就是在构建自己的成功之路；拥有影响力，你就拥有了完美掌控人生的力量。

目 录

第一章 塑造影响力

前人给我们留下了太多的遗产和智慧，特别是那些杰出的人物，他们耀眼的光辉时时影响、惠及着我们，我们前赴后继，取其长、避其短。一代又一代……我们人与人之间，又有了差别，那些出类拔萃者成了人类的领军人物，后人又沿着他们的足迹，继续向前发展着。

第二章 塑造个人的品牌

美国的一位资深管理专家认为，打出自己的旗帜是21世纪工作的生存法则，新世纪的工作已经从单纯地做好一件工作，转变到打出自己的旗帜。从一定意义上说，个人旗帜决定着一个人的成败。

第三章　创造形象语言蓝图

一个人的形象好似一张别人眼里的“通行证”，如果因为这张“通行证”的原因，而把你打入了冷宫，你即使满腹经纶，也只能烂在肚子里，这时你的损失就更大了。如果在一些关乎自己命运的事情面前，如果能在关键人物面前留下一个好印象，那你相当于成功了一半了。

第四章 影响力离不开好人品

在营造你的影响力之前，首先在你的心里要有一杆公平的“秤”，这杆“秤”就是你的品质，好人品就是做人要想长远，必须有好的信用，特别是对人要公平，要友善，要仁德……

第五章 责任让你更有影响力

责任使我们付出了心力和体力，另外它肯定会有一个回报，那就是：由于你的负责，你脱颖而出了，然后，你成了群体瞩目的焦点。

第六章 勤奋是影响力增长的基础

人不管做什么，如果离开了勤奋，一切都无从谈起，也就永远不会成功。因为天上不会掉下馅饼。只有勤奋才能使你成功，才能成就你的影响力。

第七章　沟通使影响力畅通无阻

良好的沟通可以使周围的人更加了解你，了解你的品质，了解你的追求和辉煌的成果。从而使周围的人以你为榜样，他们会把你的亮点推向更多的人，你自己将会变得重要起来。所以，良好的沟通是实现影响力的桥梁，它能把你的出色毫无障碍地传递到其他的人。

第八章　心态决定影响力

好心态直接决定了一个人的影响力，一个具有良好心态的人能够有效地影响到自己的下级、上级和周围的同事，可以调动对方的积极情绪，从而成就自己。

第九章　出奇产生影响力

人类个体自身的成长也是这样，唯有不断地创新，不停地探索新奇的发现，自己才能脱颖而出，这是一个人成功的关键。

第十章　得人心者得天下

一个有影响力的人，一定会有办法把自己的主张深植于人民群众的心中，如果他是一个行得正、走得端的人，就一定能够得到广大人民的拥护，他就赢得了民心，他的行为也得到了民众的认可。一个赢得人心、得到民众支持的人，在开拓自己事业的时候，就会变得胸有成竹、所向披靡。

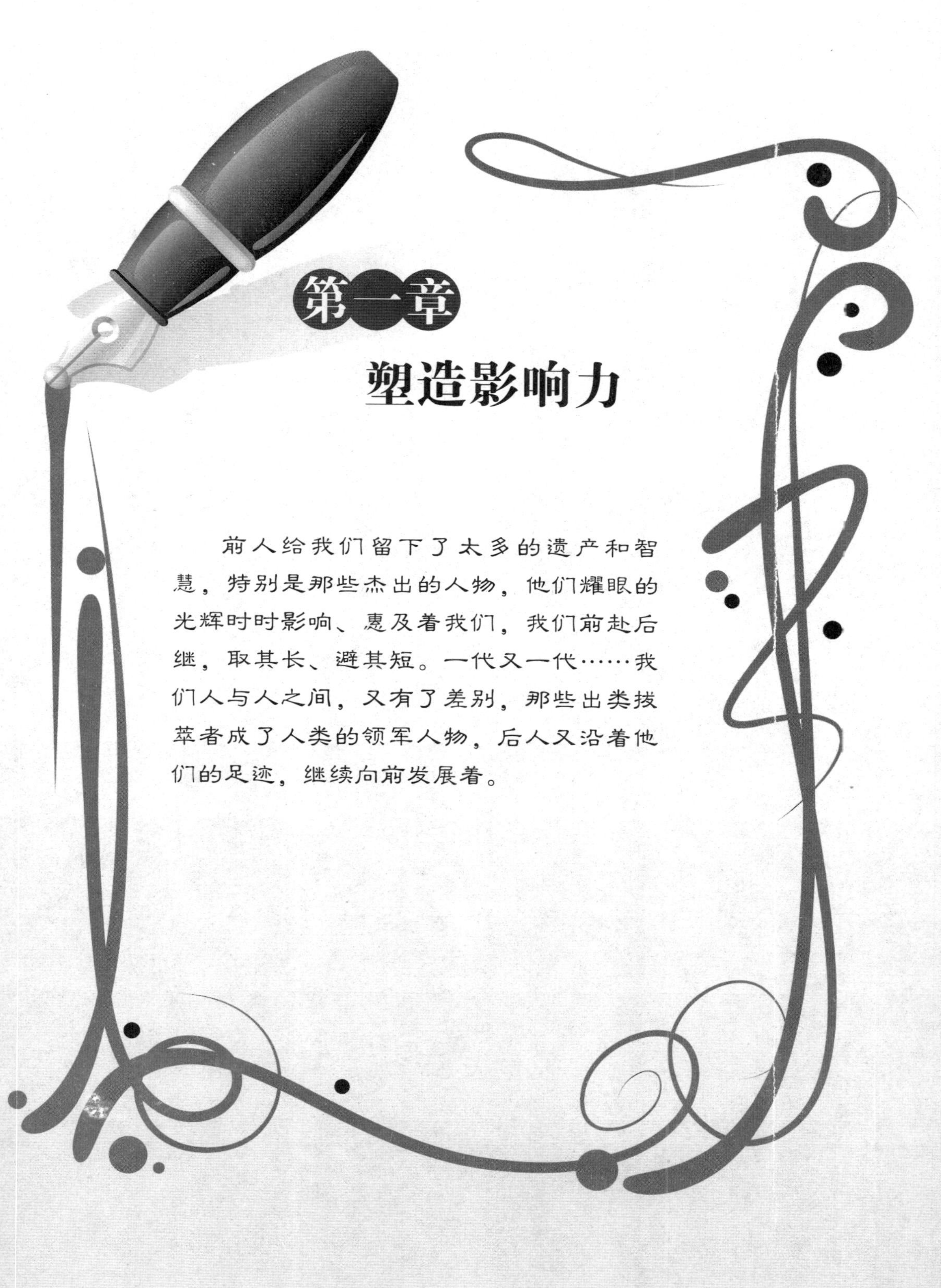

第一章 塑造影响力

前人给我们留下了太多的遗产和智慧，特别是那些杰出的人物，他们耀眼的光辉时时影响、惠及着我们，我们前赴后继，取其长、避其短。一代又一代……我们人与人之间，又有了差别，那些出类拔萃者成了人类的领军人物，后人又沿着他们的足迹，继续向前发展着。

▲才华横溢成就影响力

在绵延几千年的世界历史上，出现过许多才华横溢者，他们如光彩夺目的明珠，处处闪耀着他们的光辉，他们的思想、举动和智慧一直被人们所津津乐道，他们是人类的领跑和开拓者，他们的智慧和先见之明影响了一代又一代的人。

很多具有高天赋的人，聪慧过人，他们能过目不忘，学习和理解能力很强，他们能够触类旁通，举一反三，他们是得天独厚的智者，无论从事何种事业，自然比一般常人功效高，尤其现在高智能的科学更是如此。

北宋的大文豪苏轼就是一个才华横溢的人。在他21岁那年，他和弟弟苏辙一起进京赶考时，身为主考官的欧阳修一心想选拔有真才实学的读书人。

主考官欧阳修在试卷中看到苏轼那篇《刑赏忠厚论》的论文时，不禁拍案叫绝，因为文字写得太精彩了，他本想把这个考生定为第一名，但欧阳修怀疑是自己的门生曾巩写的，怕别人说长道短，就定为第二名。直到发榜以后，他才知道原来这篇论文是眉山来的应试青年苏轼写的。这次进京赶考，苏轼和弟弟两人同时考中了进士。

苏轼考取功名之后，去拜见主考官欧阳修，欧阳修立刻喜欢上了这个青年。喜欢他才华横溢和气度不凡。

欧阳修经常对苏轼赞不绝口，他曾感叹地对别人说："苏轼这个青年可说是善于读书，善于用书了，将来他的文章一定独步天下。"又说："我应该赶快退避，让他出人头地。"至此，"出人头地"的成语就出现了。

不少读书人听了欧阳修这番赞扬的话之后，心里很不服气。后来，大家看到了苏轼的诗文，不得不信服了。

苏轼为官，很关心百姓的疾苦。他曾在徐州、湖州、杭州等地当过地方官。每到一地，他总要为当地百姓办一些好事。在徐州，一次黄河在澶州决口，洪水滔滔，淹了很多州县。大水很快冲到了徐州，徐州百姓一时慌了手脚，富人纷纷出城逃命。苏轼担心富人一跑，民心动摇，就对富人说："有我太守在，决不让洪水进城！"

人心安定以后，苏轼和官兵一道抗洪，筑了一道长堤。大雨日夜不停，洪水不断上涨。苏轼在城头搭了一间小屋，日夜住在里面，指挥抗洪，即使经过自己的家门，也不回家探望。他派官吏分段防守，终于保住了徐州城。

他在杭州的时候，发现西湖淤塞，便奏报朝廷，疏浚西湖。他用了二十万民工，深挖河床，用挖出的泥，筑成一条长堤，这就是著名的苏堤。长堤筑成了，苏轼又命人在堤上种植芙蓉、杨柳。这一来，西湖的景色更美了，简直像一幅图画。

苏轼一生做了四十多年的官，在朝廷中和地方上担任过各种官职。由于他的政治立场坚定，从不屈从于别人强加给自己的意志，使他在政治上始终不怎么得意，经常遭到排挤打击。他曾经多次被贬官。有一

回，他还遭人诬陷，被押到京城，在大牢中关了上百天。他在晚年还被贬逐到海南儋州。他在那里住了三四年，好不容易恢复官职，迁还内地，第二年（公元１１０１年），这个66岁的老人就在常州病死了。

苏轼不仅在诗文方面首屈一指，而且还有爱民和怜民的胸怀，他在一些为百姓谋利的方面也政绩卓著，受到人民的一致拥戴，在民间留下了广泛的影响。

苏轼作为一个才华横溢的大文豪，名列“唐宋八大家”之一。当时，欧阳修非常赞赏他的文章，据说尤其爱读他的文章，甚至读得常常忘了用餐，口中还连声称赞说：“天下奇才！天下奇才！”那时的读书人对苏轼崇拜得不得了，把他的文章作为学习的范本。他们说：“苏文熟，吃羊肉；苏文生，吃菜根。”苏轼诗思敏捷，诗写得又快又好，他一生留下了四千多首诗。他宦海沉浮数十年，磨练成了“猝而加之而不惊，无故加之而不怒”的豁达的心境，真正做到了不以物喜，不以物悲，始终平心处之，这也是对淡泊名利的最好注解。

苏轼才华横溢，诗词、文赋都取得了杰出的成就，此外还擅长书画，在这方面也有很高的造诣。他的诗、词和散文都代表了北宋文学的最高成就，对后世有着深远的影响。

宋词在中国民族文化中发挥了巨大的影响，在宋代的芸芸词家中，最杰出的女词人之一李清照，作为一个具有独特身世、独特才华和颇有争议的女子，一直深受人们的关注。有关她的研究资料非常多，给后人留下了很多宝贵的词作。

李清照出生在贵族书香世家，曾任礼部侍郎的父亲李格非是位身上带点风雅气息的官员。李格非工于词章，文字活泼，叙述传情生动。在这样一个良好家境的熏陶下，李清照少年的时候，诗文就表现出了一些超凡不俗之气，多次受到父亲和亲朋的赞赏，以才藻闻名于乡里。李清照的丈夫赵明诚在他整理的《金石录》后记中提到李清照时说："余性偏强记，每饭罢，坐归来堂烹茶，指堆积书史，言某事在某书某卷，第几页第几行，以中否角胜负，为饮茶先后。"作为我们一般人，能在书山里记得某事在某书某卷就已经相当难能可贵了，可李清照还能说出某事在第几页第几行，那真是百里挑一的才俊。

李清照非常喜爱读书，读书是她的嗜好，她家藏有丰富的书籍，读书对她来说，是一件非常愉快的事情。在当时重男轻女的封建社会，她虽为女流之辈，但她在宋朝词坛上的地位是不可动摇的。即使现在看来也是光华依旧。在我国古代历史上，虽然不乏才女，但成就超过李清照的女子一个也没有。

李清照对后人影响深远，后人这样评价她：李清照著有词论，以词著名，兼工诗文，文词绝妙，鬼斧神工，前无古人，后无来者，是名副其实的婉约派宗主，在中国文学史上享有崇高盛誉。有的学者把李清照归为高居20世纪宋代词人研究成果排行榜的第二位，仅次于苏轼，高于辛弃疾。

苏轼和李清照作为宋朝的文坛巨子，他们的名字将和他们的作品一样，流芳千古。

▲出类拔萃造就影响力

人生靠什么取胜？实力是最好的回答，俗话说：“打铁还需自身硬”，只有有实力、有真本事的人才能够拿得起，放得下。走到哪里都能行，哪怕是从头再来，他们才是历史的改写和创造者。

古往今来的杰出人物何以名垂青史，他们靠的是对人类的贡献，靠的是他们的成就。当我们一提到他们的时候，有关他们的特长和贡献就会浮现在我们的脑海里。他们是以高于一般人的亮点而闻名。一个无所事事、游手好闲的人是不会有实力的，更谈不上影响力了，就好像温室里长不出好的瓜果，只有经历风雨和炙晒的洗礼，才能结出甘甜的瓜果。同样，安逸的生活环境也培育不出优秀的人才，无数的生活事实给我们以启示，一个有影响而又杰出的人，实力是他最强有力的根基。所以人要有实力，有实力才有发言权。只有那些无知的人才六体不勤、五谷不分。无知的人只知道发牢骚或者发脾气，在他们的眼里，别人都是低能儿，这种心态不会使他们有半点长进。所以，只有实力才是出类拔萃者最为显著的特征。

出身于德国波恩平民家庭的音乐天才贝多芬很早就显露了音乐方面的才能，8岁就开始了登台演出。他长到11岁时，就已经显露了他的超凡实力，被人们誉为是莫扎特第二。

1787年4月，贝多芬到了维也纳，并且拜见了当时最著名的音乐家莫扎特。这是他头一次访问维也纳，为他最崇拜的偶像莫扎特演奏。莫扎特见到其貌不扬的贝多芬时，对他评价并不太高，认为这个孩子只是在演奏了一首为这种场合练过很久的卖弄技巧的作品，他只是出于礼貌而冷淡地称赞他。贝多芬听了莫扎特的评语非常生气，当即弹奏了一支幻想曲给莫扎特听，并要求莫扎特给他一个主题，然后他在它上面倾注了很多的感情和天赋加以即兴变奏，终于发挥了他的卓越天才。

这使当时闻名遐迩的莫扎特大为震惊，连连点头说："的确名不虚传。"于是他对一些朋友说："注意这位年轻人，"他说道，"有一天全世界都会听到他的曲子的！将来他一定能成为享誉世界的大音乐家。"

不到10年，贝多芬用实力充分印证了莫扎特说的这句话。

贝多芬作为伟大的交响曲作家，在音乐表现上，这位大音乐家几乎涉及当时所有的音乐体裁；大大提高了钢琴的表现力，又使交响曲成为直接反映社会变革的重要音乐形式。贝多芬集古典音乐的大成，同时开辟了浪漫时期音乐的道路，对世界音乐的发展有着举足轻重的作用，被尊称为"乐圣"。贝多芬一生坎坷，他的音乐和人格力量在以后的德国、欧洲和全世界仍然占有不朽的崇高地位。

这些具有深厚实力的著名人物，他们的光华如同日月，如同闪闪发光的金子，任何世俗的障碍都遮挡不住他们的光芒。

对于那些大科学家，如果没有举世闻名的科学贡献，他们根本就不可能进入公众的视野，科学贡献是他们自身的实力，是科学家影响力的根基。其他领域的著名人物也适用于这一法则。

阿尔伯特·爱因斯坦就是一位超级大科学家，他杰出的科学成就使他成为一颗光芒四射、永不熄灭的科学巨星。由于其史无前例和无与伦比的科学贡献，人们对于爱因斯坦总是褒奖有加，爱因斯坦的成就不仅丰硕，而且很多都是一些开创性或革命性的理论，甚至是一些里程碑或划时代的理论。

他的理论往往非常高深，大大超越人们的常识，奇特而又玄妙，具有一种强烈的心灵震撼力，理论中的那些复杂的理论细节和数学推理，是普通人所不能企及的，仅有极少量的一部分人能够领悟。

另外，他的社会哲学也博大精深，他的人道社会主义、自由民主主义和战斗和平主义等，非常切合时代发展的脉搏和社会进化的潮流，很得民心。乃至今天都有其深远的影响。

特别是他的人生哲学更使人们敬佩，他从不把安逸和享受作为生活的目的，他一生过着非常简朴而又快乐的生活。

爱因斯坦还有着独立的人格、仁爱的个性和高洁的人品，他是一位负有很深责任感和科学良知的世界公民。他热爱人类、珍视生命、崇尚理性、为人民主持公道和维护正义。他认为，对社会上的丑恶现象保持沉默就是在谋同犯罪，就是在同情和纵容黑恶势力。他是一位世界公民，完全撇开了国家、民族、阶级和社会地位等狭隘立场和私人偏见，总是从全世界和全人类的角度和视野思考问题并付诸行动。他的超级智慧和仁慈而又伟大的形象已经融入了全世界普通人们的心灵之中，成为人们精神上不可缺少的一部分。

所以，作为一个超级科学家，他的理论深奥而又玄妙，普通人难以理解。作为一位思想家，他的见解也相当深邃，一般人难以参悟。就是这样一位具有非常实力的超人，他在巧妙而不知不觉中走入世界人民的普通生活，成为家喻户晓和具有神圣光环的伟大人物。

另外，还有许多这样的杰出人物，像牛顿和伽利略等等，他们这些有着非凡实力的科学巨人，像一颗颗耀眼的星星，永远发出着夺目的光芒，照着人类走向永远而又无止境的科技发展之中。

▲要有过硬的真本领

人要有过硬的真本领，否则就不可能在当今竞争激烈的社会上生存。一个人如果在某一领域练就一身好功夫的话，你的前途肯定是一片光明。有绝活的，就一定能保持它，并将它发扬光大，才能具有持久的魅力。总之，有真本领者才有博取一席之地的资本，才是生活和历史的主宰者。

汤姆·迪莱，作为美国众议院共和党议员督导员，他是美国众议院共和党的领袖。他在政治上是激进的，而就他的为人来说，则是令人讨厌的。他从未显示出个人魅力，更不用说领袖气质了。他不是一个笨蛋，但也没有人把他当成聪明人。他是一个直言不讳、夸夸其谈的演说家。他自己也承认，他外表极其严肃，连微笑都会吓人一跳。还有，他的战略眼光也一直受质疑，因为从克林顿总统弹劾案到试图撤销环境保护决议，他一次次让其党内同僚栽跟斗。

总之，英国政治哲学家霍布斯的描述用在汤姆·迪莱身上可谓是惟妙惟肖：“面目可憎，粗鲁蛮横，暴跳如雷”。然而，他却是美国众议院中最有权势的人物之一，也许是华盛顿众议院最大的权势人物。

众议院议长丹尼斯·哈斯特是汤姆·迪莱参加议院督导员竞选的竞选总管。迪莱选择了丹尼斯·哈斯特来担任众议院议长，虽然在理论上迪莱担任的职务比他要低，但实际上却是掌实权的人物。迪莱是怎么样做到的呢?

让我们一一道来。首先，也是最重要的，汤姆·迪莱无情地玩弄权力；其次，抓钱。汤姆·迪莱使用高压手段胁迫院外活动集团的成员，特别是政治行动委员会，公司企业——尤其是像烟草公司那样可敬可爱的公司——资助共和党。他为其右翼事业筹得了无数的钱款，达数千万之巨。

我们不喜欢汤姆·迪莱玩弄权力的手段，也不喜欢他为特殊利益集团募集资金的方式。迪莱之所以平步青云，还有第三个原因，这个媒体鲜有提及的第三个原因是:“他埋头苦干”。

汤姆·迪莱从得克萨斯州糖乡的一个虫害防治人员到成为世界历史上最有权势国家中的最有权势的人物之一，在很大程度上就是因为他竭尽全力投入工作，他比任何人都勤恳奋勉。国会中有些议员无疑也很保守。而且，有很多国会议员表明是摇动摇钱树的行家里手。但汤姆·迪莱却不同，从早上醒来到晚上头靠枕头，他一刻不停地工作。

汤姆·迪莱精心策划了一次筹资活动，他奔走全国各地，募集资金来帮助其同僚，这之后他成为众议院共和党议员督导员。他行程几千英里，参加了无数的活动，筹得了数百万美元。1994年共和党刮起改革风暴，以73名新成员入选而使共和党成为多数党时，汤姆·迪莱早已做好准备。他轻而易举地击败了精选出来的候选人金里奇，此时正当金里奇处于其权力的巅峰时期。汤姆·迪莱确实干得漂亮，从而确保得到新成员的委任，而这对于督导员竞选的结果具有举足轻重的决定性作用。

虽然汤姆·迪莱是个“面目可憎”的人，但他具有很大的能量，能募集资金，埋头苦干。他成了议院不可替代的人。

好名声是靠自己挣来的，当要你发挥作用的时候，你要有一些真本事，那样你才能一鸣惊人。如果你还没有达到真本领的火候，那就好好努力吧！

不要等到少年白了头的那天到来，空空如也！社会就是这样，只有那些特殊、新奇的新生事物，才能吸引人的眼球，才能脱颖而出。你只要有自己的一点绝活，才能立足，才能引起关注。

平庸无常的人即使遇到机遇，也会从身边溜走，唯有那些具有真本领的人碰到自己的机遇，才能一鸣惊人，一飞冲天。

▲发扬闪光点

每个人都有自己的长处，也都有好的一面。每个人都有自己的优点，即每个人都有自己独特的闪光点，闪光点如种子，如果对它辛勤耕耘，总有一天会茁壮成长为参天大树。作为每一个自然人，要善于在自己身上找到闪光点，再用放大镜放大一下，让自己看到希望，然后再努力拼搏。

奥地利著名音乐家莫扎特在音乐方面有着惊人的天赋，是举世公认的最伟大的音乐天才。自打幼小的时候，他就对乐曲产生了浓厚的兴趣，一听到音乐就兴奋异常，随着音乐的旋律，并有节奏地拍着小手。

每次莫扎特的姐姐玛丽娅练习钢琴演奏时，作为音乐家和宫廷乐师的父亲总是对玛丽娅精心指导。每当琴声响起时，小莫扎特变得非常乖，不哭不闹，总是静静地聆听着。

一天，全家人吃过晚餐，玛丽娅在厨房里帮着母亲洗碗时，小莫扎特就悄悄地坐在钢琴上弹起曲子来。正在喝茶休息的父亲听到琴声后，惊喜地站起来说："玛丽娅弹得妙极了。"还没有说完，只见玛丽娅从厨房里走了出来，正在听着乐曲的父亲感到很惊奇，赶快去弹奏钢琴的房间看个究竟。当父亲轻轻地推开门时，只见小莫扎特正专心致志地弹着曲子呢！对从未接受过音乐辅导的儿子竟能弹得如此好，从此莫扎特的父亲开始考虑对他进行音乐教育了。

对莫扎特表现出来的"闪光点"，其父亲让莫扎特在4岁的时候，就开始弹钢琴和拉小提琴。莫扎特记忆力特别好，很多曲子，只听一遍，他就轻松地记下了。有一次，父亲不经意走进莫扎特的房间，看见莫扎特爬在桌上聚精会神地写着东西。他随手拿过一看，原来儿子正在写钢琴协奏曲，而且写得完全合乎标准，这让父亲激动得一下子流出了眼泪。

后来，父亲就教莫扎特一些难度比较大的作曲练习，在家里的莫扎特，聪明勤奋，不是作曲就是练习弹琴。

1762年，父亲为了让莫扎特开阔眼界，带他来到了作为当时欧洲最重要的音乐中心之一的奥地利首都维也纳，被皇帝召进宫廷，他干净利索地弹了几首曲子，令在座的贵族们大惊失色。

从此，少年时代的莫扎特出名了。为了与世界水平接轨，父亲带着莫扎特又到德国、法国、英国等国家演出。每到一处，莫扎特弹奏的音乐都获得了人们的好评。后来，莫扎特在音乐领域越发不可收拾，好成果一个接一个。他被欧洲人称为"18世纪的奇迹"，11岁便能指挥大型歌剧演出。

虽然莫扎特只有短短35岁的人生，但他成果迭出，硕果累累。据说，他写了１９部歌剧，４７部交响曲，２７部钢琴协奏曲，５部小提琴协奏曲，２２部弦乐四重奏，２９部钢琴奏鸣曲，３７部小提琴奏鸣曲，１００多部其他各类乐曲，给人类的音乐艺术宝库中留下了珍贵的财富。

莫扎特的父亲发现了儿子的闪光点，并因材施教，深有卓见地把它发扬光大了，为世界音乐留下了宝贵的精神财富。

唐代大诗人李白曾经说过：天生我材必有用。对于我们每个人来说，绝不可能一文不值，每个人都有自己的长处，哪怕是一个傻瓜，只要我们用心，就一定能找到属于个人的一片天地，至于能播种什么，要靠自身的特点来决定。一分耕耘，一分收获。只要我们播种了，付出了，就一定会有自己的好收成。

作为成人的我们来说，每个人都应该清楚自己的长处所在，并且知道自己如何发挥它，并能知道不能做什么，这些都是我们人生持续学习的关键。所以，我们要善于发现自己的长处和闪光点，当我们只注重看别人的时候，自己不妨换一个角度，将注意力集中到自己身上，或许我们就会看到自身也有可贵的亮点，哪怕是一个很惹人烦的人。这就需要我们平时把握住生活的每一个细节，瞪大眼睛去发现。

如果自己想脱颖而出，不想永远做一个平庸之辈，对于我们自己发现的自身优点，一定要勇于充分发扬，当到达了一定程度，别人也会把你的弱点给忽视了，你就会变成一个相对有成就的人。例如，善于绘画的人说不定会成为未来的艺术工作者，甚至是有名的画家；善于唱歌的人说不定将来会成为一位音乐工作者，甚至是著名的歌星……总之，我们要根据自身的特点来最大限度地发挥潜能。就好像学生，其实每个学生都是一座宝库，只要那些做教师的善于发掘的话，就一定会发现他们的光彩，就能使他们走向知识的殿堂，会使他们的知识逐渐丰富起来。

如何发现自己的亮点呢？对于一个神父或牧师来说，当做一件重要事情的时候，他们必须在事前写下预测的结果，几个月，甚至更长或更短的时间内，他们会将实际结果与预测结果进行比较分析。这样做的目的就是为了使自己很快地明白，他们在哪一方面做得好？他们的长处在哪里？同时，他们也知道了自己不能做或不擅长做的事物。有很多人就把这个规则遵守了几十年，能够显示出一个人的长处，它的结果对个人发展而言是至关重要的，同时还能知道在哪方面应该改进和提高。清楚以后在自己的行为里，应该怎么去做，哪些事情又不适合去做等等。由此可以借鉴一下，当我们在行动时，将自己的长处和打算如何克服短处的步骤列出来，以想尽各种办法克服。

俗话说：没有金钢钻，别揽瓷器活。要想成为一个具有金钢钻的人，就一定要勤奋修炼。一般人的智商相差无几，在同等条件下，唯有勤练才能获得真正的本事，也才能达到金钢钻的境界。因为真本领是靠汗水换来的。

所以，我们要勇于发现自己的长处，客观地审视自己，将注意力集中到长处上，并把它充分地发扬光大，这样做的目的可以避免自身的缺陷，将自己纳入正常轨道上来。然后我们做我们最擅长的工作，结果，它一定会带给我们意想不到的惊喜。因为，我们抓住了自己的长处，由于我们的充分发挥使我们一步步迈向成功。

▲黑夜掩盖不了夜明珠的光华

生活的道路没有一条是一帆风顺的，沿途总会有一些挫折等着你。同样，人的生命也总是曲折负重的。但出类拔萃的人总能想办法克服。山即使再高，它也不能遮住太阳的光芒，黑夜即使再黑，它也掩盖不了夜明珠的光华，相反，只能将它们衬托得更加靓丽。卓越的人也是这样，一时的失意和迷茫挡不住其整个人生的光华。

作为一颗“夜明珠”，最重要的是要善于发扬自己的优点，保持住“夜明珠”的光华，勇于坚持才是真。

这有如蝶蛹，化蝶是一个痛苦、煎熬的过程，同时又是一个压抑、不断进取的过程，或许它沉浸在苦难中不曾发觉，然而坎坷过后则是彻底的脱胎换骨，是最终以靓丽的躯体飞向蓝天。或许你还处在被埋没之中，但你不要愤慨，还要慢慢修炼，还要忍耐。潮有涨有落，偶尔的搁浅未必是船长的过错，敢于向困难挑战的英雄未必一定次次都胜利，他也有暂时的不成功，只要在忍耐中默默耕耘，光泽总会有被发现的时候。

人们常说：“如果没有失意的人生，就不会有成熟的人生。”这有如金子，它总要发光的，无论它经过多少层层的遮掩，一旦显露的时候，它一定会光彩夺目。一时的失意，对你来说是难以忍受的，通常是一个漫长、考验耐心的过程。当没有遮掩的机遇到来的时候，只要你不

是犹豫彷徨，及时抓住稍纵即逝的机遇，必能像雄鹰一样一飞冲天。犹如雄狮一旦苏醒必会震惊山林一样。

作为一个人才，黑夜磨砺是一个人成功的基石，还是锻炼自己的好方法，如果没有黑夜就不会有向往白昼的光明。与其消极，不如积极，昂起头，挺起胸，无限风光在未来。

一个有抱负、有才能的人要想成就一番大业，必须尽快找到自己施展的人生舞台，因为你不可能无限期地等待下去，人的生命毕竟是有限的，有如蜡烛，总有燃尽的那一天。作为一个胸怀大志的人，与其说被动地等着别人来赏识、来请，不如主动地去积累光明，增加亮度，尽早使赏识你的伯乐和知音及时发现和挖掘，让他们认识到你本身所具有的价值，让他们意识到你将照亮整个公司，让他们预测到你可能给企业带来的巨大效益……这样，你才能发出你的光芒，圆你的人生之梦，使你的才华得到施展。

虽然“酒香不怕巷子深”，但长期的等待会消磨尽你的毅力，如果是夜明珠就要学会坚忍，刻苦磨砺，不丧失信心，而不要等到被风化时，再予以重视，到时已悔之晚矣。

俗话说：木秀于林，风必摧之；沙堤出岸，水必湍之；行高于人，人必非之。我们生活在这个竞争激烈的世界，受到别人的非议和排挤是不可避免的，只要我们不被批评的声浪淹没了自己，只要我们的内心还是一颗明灯的心，我们总有脱颖而出的时候。

▲培养核心竞争力

尺有所短，寸有所长。每个人都有自己善于做的事情，也都有自己的强项，你如果把你所擅长的强项苦心经营，就会强上加强，就会形成自己的核心竞争力。

很多人之所以失败，是因为他们不清楚自己的强项在哪里，没有自己的核心竞争力，他们常常用自己的短项去跟人家的长项竞争，这样，先把自己立在了弱势地位，又怎么能够使自己脱颖而出呢？在这个人与人竞争激烈的时代，要想胜出他人，取得自己的成功，必定要有自己的两把刷子，要有自己的过人之处，所以，成功的关键因素之一是要经营自己的强项，并倾全力经营，将自己的强项发挥到极致——强上加强，这才是通向成功之路的捷径。

而现在又有多少人，在干着自己不愿意干的事情，或在自己的弱项里跋涉徘徊，甚至有的人长时间在黑暗中摸索，久而久之，长项变成了短项，优势也变成了劣势，总没有自己与众不同的地方，不知道自己的长处在哪，人云亦云，就像小猫钓鱼，一会捉蜻蜓，一会捉蝴蝶，从不集中精力到一个强项上，终会一事无成。

也有的人虽然天资平平，但能够勤奋不辍，能够集中思维、坚持不懈地发展自己，到最后取得了令人惊叹的成就。清朝名臣曾国藩就是一个佐证。

据说有一天晚上，少年时的曾国藩在家中读书，他对一篇文章也不知道重复读了多少遍，就是不能背下来，这时有一个小偷悄悄地进入了他的家里，他希望曾国藩早点睡觉，以便自己好行窃。可是小偷左等右等，只听见曾国藩没完没了地一遍遍重复地朗读那一篇文章。这时，小偷勃然大怒，说："此等水平还配读书？"然后，小偷将文章快速地背完一遍，大摇大摆而去。

俗话说：勤能补拙是良训，一分辛苦一分才。小偷倒是很聪明，肯定至少要比曾国藩聪明，可惜没有用对地方，他只能做贼。最后，曾国藩日积月累，从少到多，奇迹就这样一点一点地创造出来。他在二十多岁中了进士，最终成为了清朝最有影响力的人物之一。

人类在大自然面前，同样也遵循"适者生存，不适者淘汰"的法则。这就好像一个国家，要想在国际上有发言权，就必须有自己的杀手锏。我国在20世纪60年代研制出原子弹就是一个铁证。作为一个企业也是如此，要想在经济飞速发展的今天占有一席之地，就必须具有自己的核心竞争力。同样，人也是这样，要想脱颖而出，就必须具有自己的强项，自己的核心竞争力，这是每个正常人都必须面对的问题。

如果一个人能把自己的精力集中于所专注的事业，长时间地在自己的喜爱和长项上下工夫，总会有大的成果，最后的结局总会令那些自以为是的人目瞪口呆。其实这里面没有什么奥秘可言，关键在于，你的长项打造成了具有核心竞争力的力量，这种竞争力是难以被竞争对手效仿的，它是你独有的本领，这是常人难以做到的。

当然，一个人不可能把所有的事情都做好，关键是要拥有属于自己较为独有的核心竞争力，并保持一定的再学习能力，来确保和强化自己的强项向更高的方向发展。

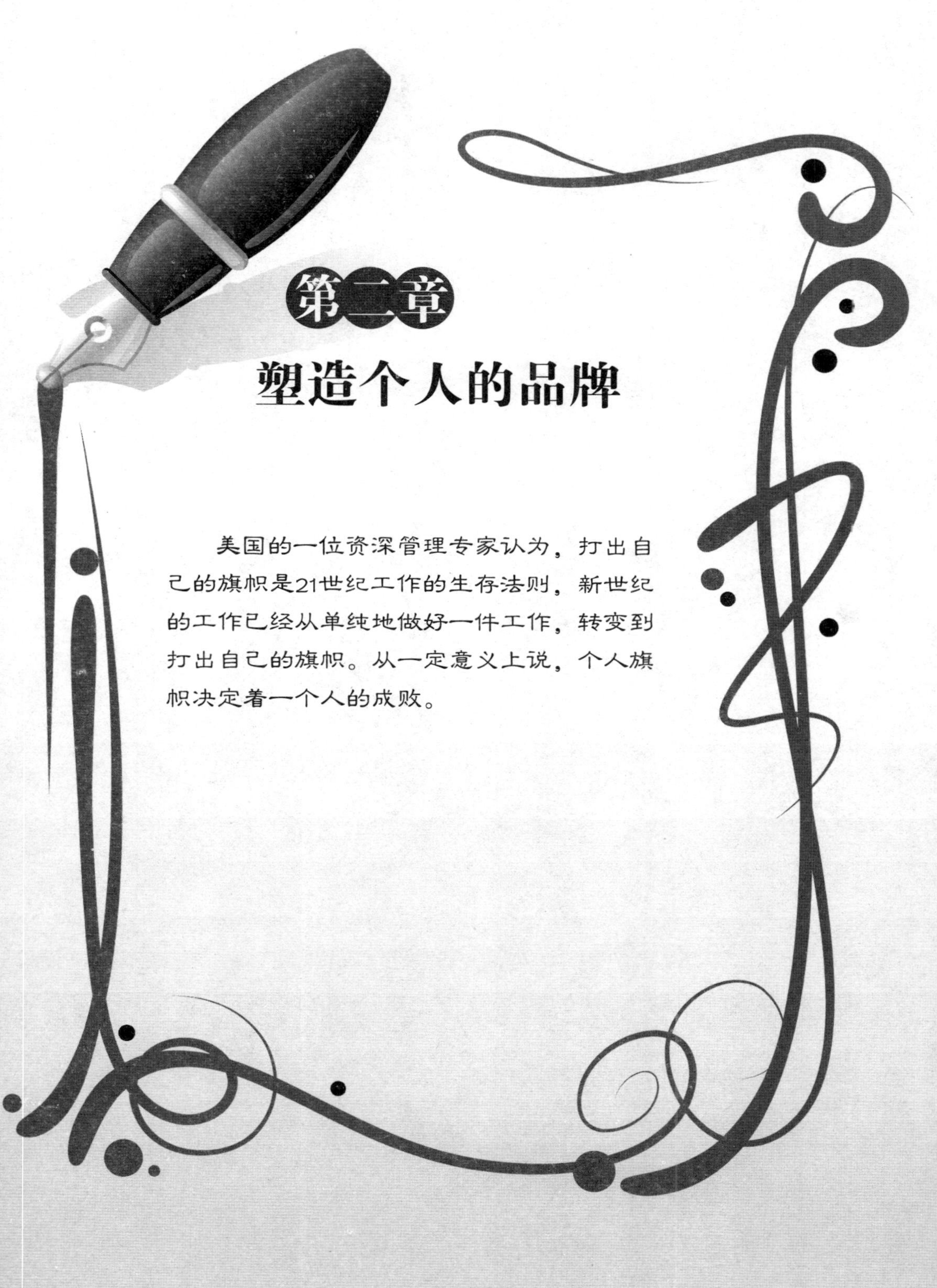

第二章

塑造个人的品牌

美国的一位资深管理专家认为，打出自己的旗帜是21世纪工作的生存法则，新世纪的工作已经从单纯地做好一件工作，转变到打出自己的旗帜。从一定意义上说，个人旗帜决定着一个人的成败。

▲塑造自己的个人品牌

俗话说，时事造英雄。在21世纪这个个性张扬的时代，卓越人物为自己造势而彰显影响的大有人在。为了培养消费者对产品的忠诚度，企业往往会通过塑造品牌来扩大知名度。人也是这样，如果你想在人群中施加你的影响，首先也要塑造自己的个人品牌。只要你有足够的自信，致力于自己的个人品牌的塑造，最后你肯定会成为一个时代精英。

一个呱呱坠地刚出生的婴儿，除了其母亲和家人之外，可能不会引起任何人的注意，但作为一个与其他人不同的人，想成为人类之中独特的新生代，作为母亲来讲，唤起孩子的意识，发展婴儿自身特有个性，从小塑造婴儿的个人品牌，才能拥有别人所不具有的魅力。你可以给孩子一些有智力性的玩具，比如有关几个塑料齿轮，各种各样的彩图和造型各异的小汽车，还有各种能发出音乐的玩具。如果他一天到晚喜欢摆弄那几个齿轮，就让他尽情地玩去吧，说不定长大后，他具有机械方面的喜好，说不定还在这方面获取一定的成就；如果他一天到晚喜欢各种彩图，就让他尽情地去吧，说不定长大后会成为一个喜欢大自然的动植物专家；如果他一天到晚喜欢音乐，就让他尽情地玩去吧，说不定以后，他会成为一个在音乐方面很有造诣的人物。一个性格独特有着自身魅力的人，社会肯定会需要和承认他，也一定会为他留着自己的位置。

一个具有独特思维的人，做家长的不要以为自己的孩子比人家特殊，不要以为一个特殊的人将不能适应群体生活。其实这种认识是错误的，独特的思维可以铸就想像力，人世间的很多发明创造都是来自想像力。

当然，光有个性而没有成就和亮点的话，则不能解决任何问题，也就没有自己的前途。甚至会被人们认作是缺陷呢。

一些成功的人物，总有自己的独特而又有魅力的个性，他们的一颦一笑都会给人们留下深刻印象，甚至有一些成了一些人们刻意模仿的对象。其实这些都是个人魅力的体现，也是自己独有的个人品牌。一个人可以依赖它，得到自己一辈子享用不尽的财富，爱迪生和爱因斯坦等都是在小时候与其他儿童不同的人，甚至表现得有些拙笨，但他们长大后都取得了令世人瞩目的科学成就。

毛泽东主席在延安时常穿着朴素的冬棉衣，一口浑厚而亲切的湖南乡音，吃着又辣又香的红辣椒，就着一小碟咸菜，打牙祭的时候，来上一碗红烧肉……这就是毛主席独特的个人形象。在人们的心中永远地扎下了根。

即使作为一个普通的人，也要有自己的品牌意识，就像一个企业可以通过塑造产品，达成企业的成功，成为消费者竞相购买的对象那样。

人们常说：人往高处走，水往低处流。一个有理想有抱负的人决不会长久地守着自身单调而又乏味的工作，总会想着为自己创造出一些成绩，让自己有一些进步。如果你也想这样，你就很有必要树立自己的个人品牌。因为在这个合作至上的时代，如果不能吸引自己的合作伙伴，一个不能集众人之力、不能集众人智慧为自己发展的人一定不会有自己

太大的发展。可见，塑造自己的个人品牌是多么重要，究竟怎么样树立自己的个人品牌呢？如何利用个人品牌来成就自己的事业呢？

首先你要给人一种忠诚可信的感觉。一个想发展自己事业的老板不必给人一种严厉而深不可测的感觉。对于员工来说，一个有着亲切、和蔼的老板或许比其他任何形象更有效果。对于合作伙伴来说，一个既具商业才能，又能给人诚信的老板，不愁没有自己的合作伙伴。

要想使自己这个品牌永远有卖点，永远都是消费者心中的最爱，自己要不断地学习更新知识，保证自己永远不落伍，否则自己则会像一个产品一样，会逐渐地处于老化和衰退的境地，你的价值会越来越贬值，随着时间的流失，最后就被时代所抛弃。

其次，要塑造成功的个人形象，必须要有很好的修养和一定抑制力，要时时处处谨慎处世，当一个人如果犯下了一个不大不小的错误时，就会对自身的品牌有着莫大的负面影响。比如你一次被劳动教养，则是一生中永远的污点。或你进了一次局子，如果民众知道了你的这些历史，相对而言就不会有民众对你有所欣赏。你的成就越大，这些看似微不足道的污点对你的影响就会越深。这就是所说的："不以善小而不为，不以恶小而为之。"人们心目中的偶像应该是圣洁高大的形象。

最后就是要树立自己良好的诚信意识，这是个人成功发展的首要因素，在这个以信用走天下的时代，个人信用是个人无形的财富，它的影响对自己是无法估量的。曾几何时，诚信使季布成为一个彪炳千秋的人物，他一直被现在的人们所记着，诚信其实就是季布的个人品牌。

还有，就是要有自己的独特价值观。一个具有自己品牌的人，它的价值观一定通过其作品或其他事情传递到公众的耳朵里。

说到个人品牌，不得不让人想到苏秦和张仪，两个人的口才和能力，是众所周知的，他们非凡的口才和纵横术使他们名扬天下，甚至改写了历史。大家都知道很多明星，哪一个不是靠打出自己的品牌，来深入听众的耳朵的，他们靠自己装扮成的特殊形象和几首与其他歌星不同的歌曲来达到塑造自身品牌的。

世界著名的管理学大师汤姆彼得斯在其书《你就是品牌》中谈道：我们每个人都应该意识到塑造自身品牌的重要性，一个公司的老板，要想在现在竞争激烈的市场中赢得发展，就需要打出自己的鲜艳旗帜，它可以充分地培养消费者的忠诚度，在消费者心目中，它代表着信心和称心。在这个名片盛行、个性张扬的时代，群雄逐鹿，亮出自己的旗帜，会使自己永远立于不败之地。

▲抬高自己的身价

适当地抬高一下自己的身价，越是强大的人物，那些追随者心里越是有一种找对了人的感觉。所以，你如果想让别人有一个远大的前景，自己必须是一个高大的形象，这样别人可以通过努力，来达到他想要的人生目的。

一个想做强做大的人一定不是软弱的笨蛋，他一定有着自己的强项，可能他不是一个杰出的英雄，但至少他是一个有智慧和让别人有所依靠的人。这样，才能让追随自己的人有一种稳定的归属感。就像战国时期的四公子，他们四个都有很高的社会地位，都是清一色握有权力的实力派人物，除春申君外，其他三人皆具王室背景，即出生贵族。他们都担任过诸侯国的相国，都是诸侯王所畏惧的人物。因此，他们四人的追随者如云，各养门客数千人。

今天处在一个机会无时无处不在的时代，如果你想在经济的大潮中秀出自己，就必须适度地抬高一下自己，让那些对你的命运有所决定的人看到你，注意到你，这样你离成功也就不会远了。人们一般认为，抬高自己是一个为自己虚伪地粉饰的行为，甚至会遭到一些人的批评，对这种行为所不齿，但是当我们做一件事的时候，为了得到别人的承认，吸引别人更好地加入，有时候就得抬高一下自己，以增加自己的分量。如洪秀全为了发动起义，把自己说成是天父的化身，以增加自己的高度和神秘感。特别是在今天竞争激烈、人人都想着出人头地的时代，适度地抬高一下自己无可厚非。在求职的时候，为了自己能够应聘成功，不惜吹嘘自己，但这种行为必须适度，你的一切应该都不是空穴来风，你也得掂量一下自己，并在以后的工作中一定要努力，以至少达到你所抬的高度。如果吹得天花乱坠，不着边际的话，一旦有一天，你草包露馅的时候，就是丢人现眼、走人的时候。在这个个性张扬的时代，应充分地展现自己的个性，提高自己的自信。相信所有的上司都相信那些充满活力而又自信的员工。如果你一直以一个谦谦君子的形象出现，对方就会在心底里怀疑你的能力是不是有问题，这其实也是很多怀才不遇人的软肋。

中国自古以来，崇尚谦虚，把抬高自己看作是一种华而不实和浮躁的行为，那些对此感到有严重问题的人甚至认为，自抬自己还是品质的低劣。这未免有些消极情绪，我们要从以前那种传统的文化观念走出来，展现一下自我又何妨，而不必担心别人认为自己有所图或者说出风头。

有一家报社，有一个高中毕业的校对员，他就是通过自抬自己的身价，一跃而成为一家很有影响力报社的主编。

他是这样达到自己的目的的，他在应聘的时候，一直标榜自己是一个大学新闻系的毕业生，其实，对校对员来说，实际的文化程度要求并不是太高，当然对报社来讲，“高高”益善。他就这样进了报社，当了校对员不久，他知道自己的文字功底不是很深，所以他开始深造学习，下班后，他就买高等教育自学考试方面的书去自己阅读，考试的时候他也参加自考，通过七年的勤奋苦读，边工作边学习，他终于拿到了自学考试新闻专业的本科毕业证书。另外，他的工作经验比以往大为丰富。

最后他被聘为西安一家综合性大报的主编。

笔者写这个例子的目的，不是教给大家工作的时候如何去造假，而是让大家适度地抬高一下自己，这是发生在作者身边的一个真实故事。使自己树立一个自信，然后自己再努力地工作下来，好的情况大多会按着自己所期望的方向发展。当人力主管看到你的自信和豪气时，你离成功还会远吗?

大家都知道，王婆卖瓜，自卖自夸的故事，王婆如果不是自卖自夸的话，谁还去买她的瓜，她总不能说我的瓜是烂瓜，那样谁又会去买她的瓜呢。只要她夸得好，夸得不过分，自卖自夸总比坐在那里什么都不说、只等待机会强。

那些一直认为自己成功无门和怀才不遇的人，往往是传统文化的保守者。他们向来认为，枪打出头鸟，人怕出名猪怕壮。他们是极其守本分的人，只要我们是那种内秀而彬彬有礼的君子形象就自然会被认为是那种道德高尚而出众的人。在这种思想的左右下，他们从不主动表现自我，虽然他们埋头不看天地做了很多工作，抒发了很多的感慨，但因为没有一个人知道，以至于失去了很多本该属于他们的许多机会。

在这个快速发展的时代，你要做事果断，遇到一些情况的时候，最好要当机立断，如果你一味地“高山流水”，去等待发现你的时候，或许你已经错过本该及时发展的阶段，你可能愤慨、埋怨都为时已晚。当你能够意识到这一点的时候，你就会更加注意自己，也学着别人那样抬高自己，你可能变得更加开朗一些，从而让别人多了解一下自己，真有一个机会，你还可能被引起赏识和重用。

像那些明星，为了提高自己的知名度，篡改自己的身世，美化自己的经历，抬高自己的文化教育程度等等，这些都是抬高自己的表现，目的是让那些星迷们在心中留下一个很深的印象。一些名人为了提高自己的演讲身价，开会时常晚来一会，以显特殊和尊贵等等。他们究竟为什么会这么做，因为他们自己把自己提高了身价，别人就会以高价来成交，实质是把自己卖了一个好价钱。

很多时候，商家会根据市场价格来不断调节商品的价格。商品的价格贵了，人们为了生活的需要，所以还是要买的，甚至有时担心价格会再攀升，说不定会买更多价高的商品。而有很多人甚至只喜欢买高价的商品，在他们的心目中，价高有价高的道理，价格高的东西，价值就大。人们都知道其实有时候并不是这样。

适度地抬高一下自己的身价，也并不是越高越好，但至少要超过自己的实际情况一些，这样，可以激发自己的动力来达到这一切。不管你是做什么的，特别是一些目前还不太成功的人们，一定要适度抬高一下自己的身价，天生我材必有用嘛！有此胆略和信心，你的身价肯定会上升，而不要怕别人指责和耻笑。否则的话，你永远都是一个做什么都吃不开的人。当然你既然提高了自己的身价，你一定也要把提高的那一部分赶快补上来，使自己的实力与自己标榜的对称。否则你抬高自己，只能是虚伪地抬高，只会丧失自己的信誉，而得不到任何好处。

特别是那些自身力量开始还不太强大的人物，为了让更多的人追随，或者引来自己更多的合作伙伴，很多时候，他们也常往自己的脸上贴贴金，为自己赢得一些胆略，为自己赢得一些人生的机遇。

▲该出手时就出手

我们实现人生价值的时光只有短短数十年，如果你在机遇面前，不能该出手时就出手的话，你注定是要被埋没的，当然埋没你的不是别人，正是你自己。世上那些果断刚毅的人物，该出手时就出手，是他们述写了人类光辉的历史。

大家都知道，赵匡胤发动“陈桥兵变”的历史事件。当时后周皇帝周世宗驾崩，年幼的恭帝只是一个七岁的毛孩子。辽国和北汉对后周虎视眈眈，忽然有一天传来他们要进攻后周的消息，主政的符太后心里顿时没了主意，朝廷上下慌作一团。皇室威严扫地，太后只好向丞相范质求计，丞相认为只有大将赵匡胤才能匡扶将倾的大厦，赵匡胤却借口说自己兵力不足，不能应战，范质只好给赵匡胤加职进爵，让他可以指挥调动全国的兵马。

赵匡胤的大军刚离开京城不久，朝中就传来了赵匡胤要篡权夺位的消息。这消息其实是赵匡胤发出的试探信号，尽管很多人不相信，但朝中的大臣们仍心有余悸。不在朝中的赵匡胤其实对朝中的状况心里十分清楚，这也正是他所要的结果。他也知道皇室对他不放心，故使皇室慌乱一团，并使军队绝对服从于自己。

行军路上的一天晚上，赵匡胤、赵普和赵匡义等人凑在一起，赵匡胤闷闷不乐，赵普问其原因，赵匡胤说：“现在，京城之内谣言遍布民间上下，说我要将自立天子，这可是灭门之罪啊，看来我要连累大家了。”赵匡义生气地说：“这一定是朝中小人陷害所致，咱们走得直，行得端，有什么顾虑呢？”太祖长叹了一口气，说：“当今圣上年幼，太后又是女流之辈，如果他们听了朝中小人的谗言，我们可能就要大祸临头了。”

不知过了多久，赵匡义突然说道：“现在情况危险万分，我们不如该出手时就出手，以免以后自己被动，反而落得个尸首不全的下场。”

赵匡胤听了此话，伫立良久，突然向着京师方向跪了下来，说：“先皇在上，臣赵匡胤一颗赤胆忠心，可朝中的小人难容，我如何是好啊？”

赵匡义扶起兄长，说：“只要你答应了，其余的事情可以交给我们来办，不会令你为难的，况且各位将军对你也都忠心可鉴。”

深夜，军士们一阵骚乱，都在议论朝中韩通把持大权，对赵匡胤率领的大军拒绝发饷。身为掌书记的赵普连忙召集各位将领，开了一个军事会议。

翌日，还在睡梦中的赵匡胤被一阵“万岁”声惊醒，捧着黄袍的几个将领不由分说地把黄袍披在赵匡胤的身上，全军皆呼万岁，呼声震破了夜空。然后这位宋太祖学着刘邦的样子约法三章，大军向京城挺进。赵匡胤轻易地夺取了后周政权，改国号为“宋”，建立了赵宋王朝。这就是历史上有名的陈桥兵变。

试想一下，假如没有陈桥兵变，也许赵匡胤会被朝中那帮慌乱的大臣和没有主意的太后一纸诏书将他召进京城砍掉了脑袋。当然也不会有

300多年的大宋王朝，历史恐怕也要重新改写了。因此，赵匡胤该出手时就出手，不但改变了自己被朝廷疑忌的命运，而且还开创了一个新的王朝。

人人都是生活在这个世界上，为什么别人能够成功，而自己不能成功。说不定有一天你会发现，那些本来比你条件差的人在某一天跑在了你的前面，这时你自己可能心理感到不平衡，其实你并不是笨蛋，也不是别人富有运气，而是你在机遇面前，该出手时没有立即出手。

其实，属于自己人生的机遇不是很多的，如果当你的机遇到来的时候，你没有该出手时就出手，以后你的成功就更不可能了。意思是说，机遇没有回头路。当有某个机遇的时候，你都抓不好的话，平常的时候，机遇更不会与你有缘了。

如果你是一个优柔寡断的人，一定要想办法克服这个弱点，你可以试着培养一下自己的果断干练的作风。多试着和同学同事交往，经常探讨一下问题的是非和观点，解开一些自己心中的疙瘩，这样当你遇到同类事情的时候就可以当机立断了。特别是当你遇到一件事情犹豫不决的时候，自己一定要想着如何快速决断而不会后悔，你不必过多地想着许多枝枝节节，从而在忧虑中不断徘徊。这样，只能消磨你的时光，让机会无声无息地溜走。事实上，任何一件事情的成功率都不可能是百分之百，也没有必要过多地权衡，你只是认为自己选了一个适合自己的方案就可以了。即使失败，也不足惜，做过的事情，没有必要后悔，因为我们还有后面的路，还要踏着原来的足迹前进。否则只会让机遇悄悄溜走，留下你一个人空叹息。

特别是面对一些大的事情，更需要冷静和果断，还要特别注意一些来自自己内在和外在的一些影响，它们对我们自身的决定是有害无利的。有些事情一旦做了，可能会有一些压力和舆论，自己可以就当没有这回事。即使顶风而上，自己认为自己正确的，也要该出手时及时出手，哪怕最后成为人生的借鉴也是好的，这也比违背自己的意愿给自己留下遗憾的好。

在这方面，我们应向那些伟大而成功的人物学习，他们即使面对自己的生死存亡，也能镇定自若，反复权衡后，他们该出手时就出手。在海尔的企业文化中就有这样一条：凡事要当机立断，立刻行动，及时地解决客户们的服务问题。历史上那些真正成大事者，有几个是犹犹豫豫之人？哪怕他一次这样，也会留下历史的痕迹，以供后人借鉴。

还有一点，我们做什么事都不要怕出错，有时错误也是一种财富，怕犯错会有更大的错在后面等着你。该出手时就出手，但也不是不经考虑，慌里慌张的做事风格。因为任何不成熟的做法都会导致事情的失败。它也应是在自己快速决断的思维下做出的决定，即使失败也不足惜。

在爱情面前，当你遇着自己心仪的女孩子，不论你的性格有多么的内向，你也要该出手时就出手，等待和犹豫只能错过一生的好姻缘。所以你要克服羞涩，拥抱自己美好的爱情，毕竟我们人生这样的机会不多，而不要到了女孩将和别人的一纸婚书递到你面前时，再后悔已经晚了。即使是女孩子，当你遇到自己心仪的男孩子时，也要大方地表白一番，令自己心仪而优秀的男孩子也毕竟不多。所以，该出手时就出手，

哪怕是不成功，至少我们自己已经尽到了自己的努力，可以使我们了却爱情的遗憾。

我们每个人都扮演着不同的角色，当历史的舞台把你推上去的时候，你要演好自己的角色，不给自己留下什么遗憾，逃避不能解决任何问题，甚至会使你受制于人。只有自己该出手时就出手，才是应对机遇的最佳方法，它会像时令的水果一样新鲜而富有营养。

所以，当我们遇到事情的时候，该出手时就出手，方能显出我们的英雄本色。

▲为自己呐喊助威

在人生的舞台上，当自己弱小时，如果听不到别人的掌声，自己也不要觉得自己一文不名、毫无价值可言，自己仍要坚持努力去前进，其实谁也不如自己了解自己，没有人为你鼓掌，你就应该为自己鼓掌呐喊，从而让别人了解你，注意到你，也为自己增强不少信心，从而让更多的人为你提供机会来发展自己。

当我们在人生的旅途中跋涉疲倦的时候，或置身于黑暗之中踽踽独行的时候，我们应该为自己呐喊助威一下。此时，我们可以敲着锣打着鼓，吸引别人来关注自己，提高自己，以增加我们的自信，让我们迎着别人的目光昂首阔步地走过。

另外，还要有一种“自己是永远不可战胜”的意念，既然自己已经在别人的目光里走过，就更应该挺直自己的身板，自信而又踏实地前行，这样，自己在这种豪气的激励下，也就等于成功了一半。

在人们个性十足的今天，大部分人心目中只有自己，不会有别人，他们不会太乐意为你提供鲜花和掌声。所以我们不必只期待着别人来抬高赞扬自己，那是不好的，我们应该相信“天生我材必有用”，我们也要经常为自己鼓掌，为自己呐喊一下。这样我们的心中就多了一份力量，少了一份迷茫，我们就坚忍不拔地拼搏奋斗着。即使是穷又怎么样，富贵又怎么样，只要我为自己呐喊助威了，别人的反应是赞成也罢，鄙视也罢，他们都不能夺去我们的执著和自信，我们的人生之路一定会越走越宽，越走越平坦。

当我们在追求成功的过程中，路尽管艰难，但我们要常为自己打气，我们要为自己的人生充满激情，我们要为自己呐喊，向老天爷讨要一件属于我们自己的东西：老天爷，你为何如此偏心，你把机遇赐给那些肠满脑肥的家伙。我们一定要从老天爷身边取回属于我们自己的东西，我们要尽最大努力地去做，那就是成功。

处在前进中的我们，可以一边吹着喇叭，一边坚定不移地走过，我们就是在别人的注视下，执著而行，我们不是为了别的，而是为了自己的步伐迈得更坚定有力。最重要的是我们打着自己的旗帜，在心中有一份光荣，把以前那种自卑和犹豫一扫而光。在别人注视的目光里，我们没有骄傲，只有信赖和赞许，我们要坚信，即使老天看到我们这个状态，也会心生怜悯和赞赏之情，天地会为之动容，一切的障碍都将不复存在，成功对于我们来说，只是从这头走到那头而已。

别说我们，即使是好酒也怕巷子深呢！况且很多没有知名度的我们，更需要自己为自己宣传助威了。我们为自己勇于呐喊之声响彻云霄，让我们这些有识之士不必畏惧那风雨雷电，我们应该迈开大步向前走，成也豪壮，败也豪壮。

▲保持自己的声音

要使自己的旗帜永远不倒，就需要在业界经常保持自己的声音。如果要做到这一点，自己要利用一切可利用的机会，在会议、各种媒体上经常有你的存在的声音，发表你的观点和展望未来的趋势，树立你自己的观点旗帜，而且还要不遗余力地去做好它。

因为有了你的存在，你的形象便在大庭广众之下，在人民的心中就会根深蒂固，你将永远成为媒体追逐的焦点。你的手里永远有新闻，至少有民众所要的好奇和满足。甚至你的炙手可热不会亚于那些有名的节目主持人。你的一言一行就会成为群众的榜样，让行业人物以自己的马首是瞻。这样自己就成了业界的操纵者，成了业界的权威人物。

一个有成就的人，必定有一定的影响力，如何使自己的这种影响力长盛不衰呢？俗话说，得江山容易，坐江山难。一个人只有保持永久的影响力才是良策。要想做到这一点，就必须从自己的强项开始，从自己的独特能力开始，要持续地保持自己在事业中的优势地位。要让大众一看到某些有特征的东西，就能立刻想到你在主管这一块，或者说你对这一块有着独到地研究。关键的一点就是你要在你所从事的领域经常保持自己先进的声音，充分地施展自己的才华，发扬自己的亮点，把你的特质留给大众。如果能做到这一点，民众就会视你为权威，你就代表着在业界中发展的分量，一旦行业中有一些风吹草动，其他的人就会以你的马首是瞻。

要想保持自己在业界的声音，这就要求自己在业界承担自己所在领域兴衰的责任，要大胆地进行开发和研究，你的一切要始终保持在行业前列才行。行业兴，你就兴；行业衰，你就衰。还有就是自己要有很好的信用作保证，只有好的信用，树立自己的责任心，你才能是行业中的大哥大。

如果想要保持在行业中的霸权地位，自己还要进行不断地学习，进行不断地开发和研究，加大科技投入，重视基础研究，以便使自己不断更新新的技术，不断推陈出新，不断地完善自己，提高自己的行业水平。这样，自己所经历的事情愈来愈多，处理的事情也愈来愈多，坚守自己的特色和主见，自己也会变得逐步成熟起来，这样才能在业界更好地保持自己的声音。

要通过自己不断地创新，不断地提高自己的知名度，把媒体的注意力吸引到你的身上来，关于这一点，海尔CEO张瑞敏就做得很好，他主持的企业不断地开发出新产品和大项目，这就吸引了媒体的注意力，对自己进行大量免费宣传，媒体的这种主动行为，既为自己找到大企业的新闻点，又宣扬了企业，还使自己成了富有传奇色彩的魅力人物，几乎成了完美企业家的化身。

还有就是要经常接受和参加一些行业内的研讨会，让同行听到自己的声音，从而引起方方面面的关注。这时，你可以把自己的管理模式和企业文化展示给同行或者有关人士。他们会对你的一切言行当做模板来进行发扬。

然后就是要经常上上镜，将自己纳入观众的视野，这样就会大大增强你的知名度和美誉度，能够提高自身形象，同时各种很有分量的荣誉就会不约而至。这样，你就有如盛开的牡丹一样，一枝独秀。

还有就是自己要善于利用各种网络，发布自己的意见，借互联网的力量来实现自己传播的目的。可以在各种论坛和媒介中大胆而又创新地表明自己的观点和立场。特别是在一些国际性的高层次会议发表演讲，不但会巩固自己在业界的威望和地位，还可以借助会议本身的权威性和影响，吸引住大量媒介的眼球，为自己免费做广告。

要想在业界保持自己的声音，就一定要有自己所独特的个性和主张，使自己打上特征的烙印，形成持久不衰的业界活力。赋予自己一定的文化内涵，有利于提升支持者心目中的印象和对你的支持度。

在业界保持自己的声音，别人会把自己当成行业权威，你所说，就引起民众的理解和赞同，从而也就得到他们的信任。

▲勇于向权威挑战

这是一个迷信权威的时代，在我们的眼里，那些大人物经过论证的东西永远具有很强的权威性，永远被认为是真实而正确的，永远具有很强的杀伤力。甚至连他们说过的话，都被人们所津津乐道，往往当做真理一样去对待。俗话说，长江后浪推前浪，一代新人换旧人。前人认为正确的东西，其实对我们后人来说，就不一定是正确的。

有一次，日本音乐指挥家小泽征尔参加欧洲的音乐指挥大赛，在大赛中，一个又一个的音乐选手指挥完毕，最后一个才轮到他。

这时大赛的评委交给他一张比赛的乐谱。在他应对自如地指挥演奏时，他忽然发现乐曲中有瑕疵之处，刚开始他以为是演奏家们弄错了，就让乐队重新演奏一次，但仍然觉得有不和谐之音。

于是小泽征尔提出自己的疑问，那些享誉世界音乐圣坛的评委们一直声称乐谱没有问题，是他产生了错觉。面对这些德高望重的评委们，他不得不又对自己的判断重新思考了一番，经过再三的斟酌考虑之后，小泽征尔仍然坚信自己的判断是准确无误的。于是他大声说：“不，一定是乐谱错了！”评委们听完之后，立刻爆发出了一阵热烈的掌声。实际的情况是评委们精心设计的一个“埋伏”，用以试探各位指挥家在发现了乐谱错误之后，是否还能坚持自己的判断。

这正像普通的人们一样，他们之所以不能取得成就，是因为他们容

勇气和耐力，开始的时候，可能要忍受人们的冷嘲热讽，还会被人们看作是异类，甚至会为此付出生命的代价。

当我们对前人的东西产生疑惑的时候，其实，我们首先克服的不是人们的白眼，而是自己的错误意识，如果我们在某一方面达到一定水平或高度的时候，要想挑战权威的话，首先要挑战自己。有时，人的最大敌人其实就是自己，比如会受自己惰性的影响、想当然、对自己没有足够的自信等等。这些都是我们很难克服的弱点。所以，挑战自己的这些缺点，是当务之急的事情。另外，对于自己已经研究过得到别人承认的东西也要有一种突破精神，不要以为自己曾经靠它得到一些名利，而不愿意自己推翻自己，以图得一时的虚名。如果我们勇于推翻自己的一些观点，再拿出新的更正确的观点，岂不更好。否则的话，错误的结论总会被后人推翻，我们拿错误的结论来换取自己的名利，岂不悲哀。

要挑战权威，除了自身具备挑战的可能性之外，还要有对人类高度的社会责任感。对人类勇于负责的态度，是历史上很多的科学家所必备的宝贵品质，他们不惜冒着被人们误解的风险去全力以赴地探求真理，甚至是冒着杀头的危险去捍卫真理。如布鲁诺就是其中的一例。他们人性的品质和光辉永远被后来的人们铭记着。

▲用媒体为自己造势

在现在这个讯息快速发展变化的时代，如果世界某个角落发生一件事情，在数秒之内会轻而易举地传遍整个世界。这就是媒体的威力，稍有一些成就的人一般都不会离开媒体这个大舞台，它既能让你红得发紫，也能把你打下地狱。所以，那些有成就的人物不但都不会与媒体赌气，而且还会与他们保持一种互惠合作的关系。

我们所处的时代，是一个信息时代，那些思想超前的人士认为，21世纪企业的竞争不是产品的竞争，而是信息竞争。谁及时地得到信息，谁就会超前发展起来；谁的信息落后，谁就有可能陷入被淘汰的泥沼。信息的获得，我们离不开媒体所掌握的最新信息。如果我们能和它们保持一种良好的关系，发展中的我们就不会被动。而且，如果我们想要把自己的思想和产品通过媒体传播出去的话，更需要媒体的配合。

特别是网络媒体的出现，它大大改变了我们的生存空间，使个人或企业处于全球信息的透明之中，因此，我们想要发展自身，就会不可避免地学会和各种媒体打交道。有时，当你发展到一定程度的时候，不管同意不同意，愿意不愿意，你都得和媒体搞好关系，一个人或者一个企业总会有这样或那样的缺点和错误出现，一旦被媒体抓住把柄的话，轻则产品滞销，重则企业陷入倒闭，而且还会对你百般报道，甚至挑刺难为你，弄得焦头烂额，到头来得不偿失。

如国内的一些企业，自己明明有自己的缺陷，在媒体面前，大牌一耍，要么对媒体置之不理，要么对媒体怒目相向，甚至有的还做出一些出格的事情来。说什么“防火防盗防记者”，对自己的一些弊端，害怕记者采访，更害怕记者曝光。这种对媒体如临大敌的处世方式，一旦被记者捅了出去，后果是可想而知的。俗话说，好事不出门，坏事传千里。一旦大众通过媒体揭穿你的虚伪的面纱之后，你就会成为人人喊打的对象，你就会成为众矢之的。

有的人认为，自己从不和媒体发生关系，一不做广告，二不需要了解信息。其实这种想法是不现实的，让我们仔细想想，在现在信息泛滥的今天，还有哪个企业，甚至哪个人不与媒体发生关系，也可以这样反思一下，不依靠信息发展的企业会有前途吗？

世界中的每一个人都需要了解千变万化的信息，你的生活里，不可能绝对没有电视，没有收音机，没有杂志，没有网络。那样的话，你可能会像疯人院的疯子一样疯掉。在我们生活的这个世界，要想自己跟上社会发展的节拍，就必须阅读和了解大量的信息，以使自己跟上时代的节拍。否则我们就会陷入一个与世隔绝的状态里面。

现在的我们要正确地认识媒体，其实，生活中的我们是离不开媒体的，不论是个人，还是一个组织。一些名人和企业一般都会和企业保持着良好关系的。媒体有着它特殊的职能，既能起到宣传的作用，还可以起到监督的作用。那些对记者和媒体抵制，甚至大打出手的做法绝对不是明智的选择。

我们哪天不是生活在一个媒体的海洋里，回到家看电视，也是看媒

体提供的信息，回到家看书也是出版传媒在给我们提供信息，看报更不用说，听收音机等等。当然，在这个媒体遍地开花的社会，社会中的每个媒体都希望扩大自己的客户群体，为了吸引读者的目光，为了自己的经济利益，又不得不和一些名人和企业打成一片。其实，媒体在客观上也有和人或组织合作的愿望，否则的话，他们就不可能更好地生存。

媒体作为一种大众之间的桥梁，我们一定要站在一个战略的高度来看待媒体。据说在发达的美国，60%以上的新闻都是企业提供给报纸的，它可以使一个企业的发展蒸蒸日上，也可以使一个企业关门倒闭。即使媒体不扯我们发展的后腿，你也需要媒体牵线搭桥。有的人或组织在与媒体的关系方面做得非常到位，他们和一些报纸或电视等媒体的主任或专栏记者建立了非常好的合作关系。一些需要观众了解的信息需要通过媒体发布出去，甚至有一些东西需要记者采取软广告的方式深入大众的心中。

曾几何时，赫赫有名的大牌企业三株口服液公司，年销售额曾达数十亿人民币，为自己积累了雄厚的发展资本，但由于不能正确处理和媒体之间的关系，匆匆破产倒闭，这又是多么的痛心又令人遗憾的事情。它的发展振兴，源于媒体积极宣传，使老百姓对它的好处了然于心，又是媒体的宣传，说它喝死了人，使老百姓对它的坏处了如指掌。这下全国的老百姓恐惧了，没有人再敢买三株口服液，真是应了那句话：成也萧何，败也萧何。而回头看看这样一些名牌企业，像海尔、国美、苏宁和联想等等，它们的产品广告，无不是在媒体上铺天盖地的发布，产业尖端的信息又是从他们的研发机构里通过信息的形式走出来。

人也是这样，毛阿敏的偷漏税风波，陈佩斯的遭央视封杀，又给这些名人带来多少阻碍和不快。据说，著名演员李雪健曾被媒体披露“死”了三次。歌星刘德华也曾经“死”了几次。这些报道对名人的负面影响都是非常严重的，以至于一些名人拿媒体毫无办法，有时恨得牙痒痒，一见记者就双脚跳。

当然，你完全可以和媒体搞好关系，媒体也是一个对大众和各种团体组织负责任的媒体，否则，太过分的话，它们也无法立足。

如何和媒体搞好关系呢，我认为下面几点就是很好的办法。

1. 掌握业界的高端发展脉搏

如果你掌握了解了业界最尖端的发展信息和一些变化趋势的话，你就可以通过媒体让他们获得这一信息资源，媒体就会主动地跑到你这里要信息，而他们会为你提供毫无成本的免费宣传。因为这些都是人人都关注的新闻亮点。

2. 积极参加一些有影响的研讨会和论坛

每次会议，都会有各个媒体的记者参加，这时，你一定要准备一些精彩的行业动态发言材料和一些独到的观点见解。这样，记者就会在媒体上进行旗帜鲜明的报道。

3. 培养一些媒体圈内的朋友

要和一些媒体圈子里面的人做朋友，双方不妨来个信息互动。让媒体做自己的眼睛和镜子。必要的时候，让这些朋友写一些软广告之类的文章，为自己的企业做更好的宣传。

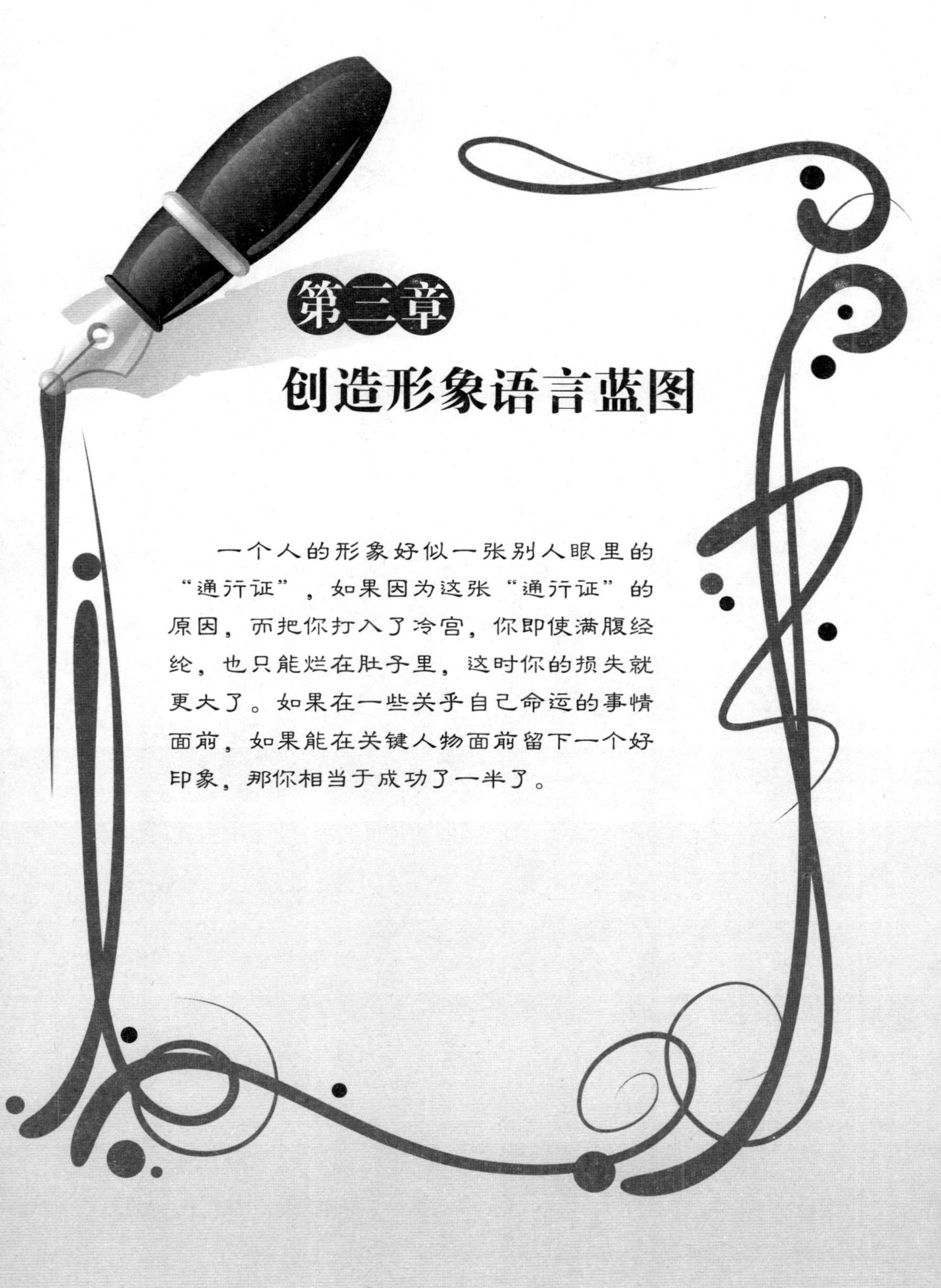

第三章

创造形象语言蓝图

一个人的形象好似一张别人眼里的"通行证"，如果因为这张"通行证"的原因，而把你打入了冷宫，你即使满腹经纶，也只能烂在肚子里，这时你的损失就更大了。如果在一些关乎自己命运的事情面前，如果能在关键人物面前留下一个好印象，那你相当于成功了一半了。

▲做整洁大方的自己

仪表美是人的精神面貌和文明程度的外部表现。对于一个外表整洁大方的人，我们的感觉是清爽和乐意与之交往的。对于一个不修边幅的人，我们的感觉则是粗鲁、缺乏修养而会远而避之的，这是一种来自心理的抗拒和反感。笔者最近看过的电视剧中的一个故事更能说明这个问题：

从前，有一个读书人和一个无赖进了一家餐馆，两个人各自要了酒菜吃了起来。

很快，两个时辰过去了，读书人吃完了，他摸了摸衣服的口袋，里面空空如也，于是便对店老板说道：

“掌柜的，不好意思！鄙人今天忘记带银子了，改天我一定奉还。”

“不碍事，不碍事，你走便是。”店老板说完，并恭敬地送他出了店门。

这个情形被这个无赖看在眼里，记在心里，结账的时候，他也对店老板说：

“掌柜的，今天我忘了带银两，几天后，我再给你送来。”

话音刚落，店老板脸一沉，一拍桌子，几个店小二上来，怒气冲冲地揪住他，非要剥他的衣服不可。无赖不服，理直气壮地说：“为什么刚才那人可以赊账，而换了我就不行了呢？”

店老板说："你岂能和人家相比！人家吃菜的时候，文雅而斯文，身体挺直，姿势端正，喝酒慢慢地饮，吃菜细嚼慢咽，吃完饭还用手绢把嘴擦干净，一看就知道是个有德行的人，他岂会赖我的银两。而你就不一样了，跷着二郎腿，暴饮暴食。吃到兴奋处，你竟脚踏板凳，端起酒壶往嘴里灌，最后还用袖子擦嘴。一看就知道是一个无家可归、吃了上顿没有下顿的无赖。我怎么能放过你？"

老板的一番话，无赖无话可说，干瞪着眼睛，最后只得留下衣服，狼狈地赤膊而去。

可见，从一个人的穿着打扮和言行举止上，可以看出他的素质和修养。无赖之所以不能赖过去，主要是因为他那粗鲁的举止出卖了他。这一切自然不会逃过店老板的眼睛。

在这样一个经济繁荣的时代，我们身上的服饰总是琳琅满目、多姿多彩。得体的程度、颜色的搭配无不吸引着人们的注意力。如果我们看到一个穿着恰到好处的女孩，或许她没有出众的容貌，但我们对她也为之侧目，从而认为她也有好的一面，也有一种说不出来的魅力，我们会把这当作个性来看待，她在我们的心目中也是美丽动人的。我们习惯性地把她的能力和人品也像她的外表一样评价：她肯定是一位有能力的好女孩。同理，如果看到穿着十分得体的男孩子，我们则会认为，这个小伙子一定是个聪明而精干的人。

另外，我们也要注意自己的一些习惯，有的人在一些重要场合总会表现出令人遗憾的行为，如当众挖鼻孔和掏耳朵的人则会给人一种没有礼貌和不文明的感觉，一个人的指甲内如果充满污垢，则会给人一种肮

脏和不快的感觉。试想一下，一个给人没有礼貌、没有文明印象的人会做成什么大事呢？我们毕竟不如古代那个边抓虱子边和皇帝谈笑风生的东方朔。

其实，在我们的生活中，不乏一些这样的女人，她们天生长着美丽的面孔，苗条的身材，但她们并没有吸引人们的回头率，原因就在于她们的外在形象不佳，穿着随便而不善于收拾一下自己。如果你在别人的心目中有了这样的一种印象，那就说明你是一个懒惰而没有品味的女人，有了这样的一个评价，那么女人特有的优点就不会在别人心中找到，这会让人失望的。

在一些特殊的场合，对我们的仪表有一定的要求，以显出庄重和文雅，舞会或餐桌上的人们除了服饰整洁得体之外，还要求自己落落大方、彬彬有礼，以避免整个场面的尴尬。

我们的穿着也并不是越多越好，这要看你想给别人什么感觉，如果你穿得犹如《红楼梦》中的那个披金戴银的王熙凤一样，未免太显俗气。其实，有时朴实和简单是一些人的穿着标准。处理好了，照样会楚楚动人。

所以，一个人出门在外，一定要注意小节，临出门前，一定要看看皮鞋是否有泥点，衣服是否皱皱巴巴，头发是否零乱，衬衫的衣领是否清洁。如果你常常不修边幅，肮脏、邋遢是你的特征的话，别人会怎么样看你呢？他们会认为你缺乏最起码的修养，甚至是一个人格不全和有失尊严的人。

一个上进、追求成功的人应该仪表整洁大方，使别人感觉到你是处在最佳的精神状态，会感觉你自信而热情，得体而又大方。你这种良好的风貌也在感染别人，给别人以愉悦，别人在心理上已接纳了你。特别是在职场竞争激烈的今天，你得体大方的举止一定会吸引住你的上司的眼睛，说不定一些重要的职位哪一天会落到你的头上。因为一个良好的形象对自己和别人都有很重要的影响。

大家在各种报纸或杂志或电影上，都看到过一些伟人高大的形象。如周恩来在会见外宾时，得体洁净的一身中山装，既显出了周总理的平易近人、温文尔雅的大家风度，又显出了做事精明干练的做事风格。在我们的眼里，周总理是那种令人尊敬而又功德卓著的形象。

日本松下电器的创始人松下幸之助认为：“一个衣衫不整，邋邋遢遢，没有精神的人，是不可能赢得他人的好感和信任的，这等于在接触的一开始，你就为自己埋下了失败的种子。”

如何给人留下一个整洁大方的印象呢？笔者认为，在日常中，应注意以下几点：

1. 衣着

衣着要干净，整齐，合身，以显出气宇轩昂的气质。

2. 注意小节

不在公众场合下掏耳朵，挖鼻孔。适时理发，刮胡须，修指甲。

3. 鞋子

保持鞋子清洁，没有灰尘。

4. 注意卫生

要经常洗澡，打扫卫生做家务。

▲学会包装自己

俗话说：货卖一张皮。有时，与其说人买东西，不如说人买感觉，好的包装就会给人以好的感觉。人要学会生活，首先要学会包装。一个经过良好包装过的产品，它的价值会发生几倍的增长。人也是这样，一个经过包装过的人，他会受到别人充分的重视，从而会使自己变得不凡起来。

很多人认为这是一个讲究自我包装的时代，商品需要包装，人同样也需要包装。商品包装以后，可以提高售价，人经过包装以后，可以自抬身价，获得更多的合作。否则，你就会被淹没在这个人山物海的社会中。

“人靠衣裳马凭鞍”、“三分长相，七分打扮”，有的人把它奉为人生的真理，虽然人们常说，“人不可貌相，海水不可斗量”。此话不假，也是真理。但大部分的人做人处世都会受直觉的影响，直觉不好的人，无论他怎么为自己辩解，我们似乎都不会相信。另外，当人们处于繁忙工作之中的时候，谁还会考虑这些富有哲理的话呢？

在现在这个重视广告效应的时代，大家对“好酒不怕巷子深”也是深有体会的。在如今这个丰足的年代，好商品令大家的眼睛应接不暇。即使是好产品，如果没有好的营销广告作铺垫，说不定也会待字闺中，永远难嫁。因为现在同类同质的商品屡见不鲜，离开了这家的产品，大家还可以买那家相类似的产品。而一种恰到好处的包装其实也是一种外在形式的广告，它会培养消费者对商品的忠诚度。包装应该与自身特征相符，千万不要过分夸大其词。否则的话，人们最后只能把你当作中看不中用的绣花枕头，草包露馅的时候也是失去人们信任和被抛弃之时。

人也是这样，像商品一样也需要包装，一个好包装的前提是首先要认清自己，应该是个什么角色，有什么过人的特质。切忌过分包装，自吹自擂。

写到这里，我想起以前我的一个学美术的朋友，她就是一个很会包装自己的人，在她的房间，我总会看到一种说不出来的美的感觉，她以自己艺术的眼光来包装着她的生活。鞋子形状的笔筒，精致的画笔，细巧的闹钟，还有其他整齐的摆设……令人感到是那么舒服和惊讶。她也很会打扮自己，让人感觉她长得那么美丽，有时是这样一种美，有时又是那样一种美，她的美来自她的内心，她没有金银首饰，也没有华丽的衣着，却给人超凡脱俗的印象，那是一种说不清道不明的感觉。我经常想，她把自己的艺术点缀到了实际的生活之中，真好。

其实在生活中，大家不难发现，如果一对男女，都互相欣赏、爱慕对方，恋爱中的他们是特别注重包装自己的，目的是要给双方留下一个美好的印象。约会的时候，双方穿着最得体美丽的衣服，女孩子把自己打扮得楚楚动人，描了眉，涂了口红，用了高级的脸霜。说话不粗不细，尽力地把自己包装成一个美丽、贤惠和温存的形象，宛如一个标准的大家闺秀……竭力地把自己的一切亮点展现给对方。男孩子除了得体的外表外，比如，穿一套价值不菲的西服，再给头发焗好油以增光彩，还要有潇洒的风度，有的甚至还需要说自己如何有经济实力……不遗余力地把自己的一切长处灌输给对方。这就是关键的第一印象，这一步做好了，对以后两个人的交往会起着重要的作用。这也就是所谓关键的第一印象。

一个身着得体的服装，优雅的谈吐的人将自己的这种魅力，展现给他人，让你的同事感到你的温和和友善，让消费者感到你诚实可信，让上司感觉你谦逊有礼、有过人的才干。如果你具备了这些，你就增加了许多成功的机会。那些只低头干活不看天的人，已不能适应时代的要求。那些有成就的人士，在真有一番成绩的同时，也并不像他们标榜的那样神乎其神，他们头上耀眼的光环也是自我包装的产物。

一个人要想打造自己的天下，就要注重自己的形象包装，如果你没有足够的神奇魅力，人们很难作出和你合作的愿望。

▲谈吐不凡

一个人有了一个良好的外在形象之后，也并不是说他的形象就可以万无一失了，因为内在形象也是一个人影响他人的重要法宝。比如，语言就对人至关重要。

俗话说："一句话可以说得让人双脚跳，一句话也可以说得让人哈哈笑。"有的人认为，对于决定某个人的关键事情的时候，有决定权的人往往会说：我要看看他的态度如何。这个态度就是想听听他的看法，听听他的表白，实际上，就是想听一下他的谈吐，因为人人都喜欢听一些漂亮话，一是可以安慰心灵，作出肯定的心理需要；二是考察对方的诚心，使自己得到一个称心的人。

我们现在处在一个文化、科技和商业等各种信息高度发达的时代，人们的生活变得越来越复杂化，人与人之间的交往也越来越紧密，人们为了各自的需要而进行大量的合作。人们逐渐地认识到，有效说话和演讲的能力已经成为现在的人必须具备的能力，也是管理型和开拓型人才必须具备的素质。如要保证这种交往和合作的成功，就不能离开口才表达。富有磁性的声音、不凡的谈吐则能使工作顺利进行，并能使对方的误会烟消云散，使对方认为你是一个真诚可靠的人。因此谈吐不凡是一个事业成功人士的必备条件。

我们在工作或者和合作伙伴的交往中，往往要表达自己的需要，双

方各取所需，合作共赢才能成功。如果自己想把自己的意图准确生动地灌输进对方的大脑中，就需要一种好的谈吐。只有好的谈吐，恰如其分地表达了自己的观点，而使双方产生共鸣或心悦诚服地接受意见，才能让对方增强信心，看到希望，这样的合作才会有前途。同时你也会给对方留下良好的印象。

很多人都认为，良好的语言沟通决定人际沟通的实质，好口才有时胜过千军万马，往往能决定事情成败的方向。一个人如果能以出色的语言表达出自己的意思，可以增强陌生人的好感，增强自己在陌生人脑中的印象，从而成为好朋友。

在此，我们不得不提一下媒婆。古代的人们的婚姻主要靠媒婆的那一张利嘴沟通，婚配双方的父母往往听信媒婆对婚配对方的溢美之词，即使后来发现实际和媒婆说的有很大出入，也只能认可了，因为大家都知道，人们都没有十全十美的。对媒婆的夸大其辞，有时明明知道不是像她们说得那样好，心里还是接受了媒婆。其实，人们不是在称赞媒婆，而在欣赏她那种很会察言观色的谈吐。

特别是我们在大庭广众之下发表演讲的时候，你要拿出你的全部激情和胆量来，大方而又得体地充分传达你所要表达的思想。这更是考验一个人的时候，因为演讲的受众面非常大，演讲的好坏直接影响到自己的形象和演讲所要达到的目的。面对众多的听众，无论哪种形式的演讲，都要求我们观点正确，主题鲜明，亲切感人。对于演讲，除了要相信自己一定能对广大听众讲好的情况下，还要有谦虚和略带严肃的仪表，这直接影响到你的形象，在气氛沉闷的时候，也不妨幽默一下，调动受众的热情。要有自己明显的演讲力度和风格。每个人演讲都有自己的个性特点，这是一种你与众不同的活力，这种活力是可以锻炼和培养的。

另外，演讲还要求演讲者本人有一种自控操纵的能力。一般来说，那些优秀的演说家讲到那些有趣的语言的时候，必定要加强语气，该使用悬念的时候，自己一定要使用，用悬念以调动受众的激情，受众一旦被调动起来，你的这次演讲就演“活”了，还可以在幽默中使用一些听众平常没有听过的语言，最重要的一点就是，要把自己最精彩、语意最深刻的语言放在最后。

我们可能没有张仪和苏秦那种智慧和口才，也没有周总理那种机智和镇定。我们不必口若悬河和滔滔不绝，但最起码也要将自己的思想不折不扣地传达到别人的耳朵里。如果一个人经常说的话使人感到费解，那他就会对这个人产生误解，他主张的思想就不会影响到别人。

一个谈吐不凡的人，他那富有磁性的语言，如果再有缜密的思维和逻辑，再加一点彬彬有礼和谦逊的态度，那就会立刻获得人们的好感。他的形象在大家的心目中，无疑是高大而又亲切的。

▲在群体中保持自己的个性

我们每个人都是不同的个体，都应该有自己不同的个性。一个没有个性的人便会失去自己。所以我们在生活中不能一味地去模仿别人，我们应该把自己的个性逐步发扬光大。从而在别人的心目中占有一席之地，活出自己的精彩来。

很多人都知道：泰山雄、华山险、峨嵋秀、黄山奇。其中的“雄、险、秀、奇”就是四个不同的个性。也正因为泰山、华山、峨嵋山和黄山的不同个性，人们对它们都是一视同仁地赞赏有加。山是这样，人当然也不例外。

我们如果在生活中不能保持自己的个性，不能守住自己的亮点，我们其实就是在妥协，一味地妥协就是软弱。相反，如果我们不能尊重别人的个性则是一种不容人，有霸道之气。委曲求全的人总是让步妥协，一再地改变自己的个性，甚至立场，这是一种怎样的悲哀和压抑。狭隘的人总想要别人唯自己马首是瞻，处处扼杀别人的个性，看着别人什么都不顺心。只有保持自己个性的人，才能自然而真诚地坦露自己真实的个性，他们坚强无比，宽容而公正无私。他们的人生是独立而与众不同的。

其实，真正的人生都是平淡无奇的，有的人忍受不住生活的单调，总想给自己来一些刺激，所以他们的身边开始热闹起来，他们有了一个为自己打发寂寞时光的小圈子，在一次次的觥筹交错中失去一天天，一年年。当年的梦想也变得荡然无存，只是在庸俗的人际中学会了阿谀和附和，把自己圈进了一个不属于自己的领地，渐渐地丢失了自我，丢失了气节，甚至丢失了生命前进的方向。那些有着自己个性的人很懂得利用自身条件来充分发展自己，他们守住自己的思想和原则，无怨无悔地打造着自己的人生，他们活出了勇气和毅力。

每个人天天都在成长着，我们的个性也都在自然地成长着。我们每个人生活在这个复杂的社会中，即使你做得多么完美，多么恰当，也不可能令所有的人都感到满意，在这些是是非非中，我们应该坦然地保持自己的个性，守住自己的观点立场。对于你所经历的一次失败，细心的人可能会说你有点粗心，过于谦虚的人可能说你有点骄傲，复杂的人可能会说你过于简单……如果没有自己的个性，他们的观点会令你不知道自己到底应该怎么办，你不知该相信谁说的话。其实你不必这样，只要能稍微用心分析一下，就能确立自己工作和生活的原则，否则，你的人生永远不会成功。

据说有一位刚毕业不久的大学生，分配到新的工作岗位时，踌躇满志，自己立志要做一番伟业，要在此大显身手。

由于经验缺乏和理论脱节，再加上同事间的竞争，他的工作开始还不能适应，工作中他经常会出现一些小差错，这让那些幸灾乐祸的同事经常挖苦他，几次还把他的工作失误故意地推到上司面前，让他难堪。这使他大受刺激，对自己以前的雄心壮志产生了怀疑，每天谨慎而无神地过着和同事竞争的日子。对他来说，刁难他的那些同事，他又不敢得

罪。于是，虽然他对他们非常反感，但他对他们表面上仍毕恭毕敬，生怕他们又拿住自己的小辫子，在这种担惊受怕的日子里，渐渐地磨去了自己的棱角，他变得开始和他的那些同事们一样，混日子，一切都由他们的上司主宰。

后来，公司又招来一个大学生，他开始和那些刁难他的同事们一样，也开始变本加厉地打击刁难，仿佛要把自己所受委屈都要找回来似的。几年后，自己在大学里所学的深奥理论都在工作的日子中悄悄流走了。自己也变得和其他同事一样碌碌无为了。

丢失了自己的个性，就好像丢失了自己一样，从而变成被别人利用的工具，一直为他人做嫁衣裳，这样的人生活一定不轻松，那还有什么意义可谈呢？我们都是有感情的人，有着自己的喜怒哀乐。我们是有血性的人，有着我们自己不屈而坚强的精神。

美国著名的银行家摩根认为，决定自己成功的条件是个性，人无论在何种艰难的环境中，都要保持住自己的个性，都要为自己心目中的那个志向而不懈努力，不能有半点的犹豫。所以，我们要在人生的道路上保持自己的本色，相信自己，不惧艰险地获取人生和事业的成功。

我们生活的这个熟悉而又神秘的星球，赋予它的万物生灵千姿百态，都有自己的特点和各自的生存空间。我们应该学习梅花的傲立寒霜，瀑布的飞流直下，雪松的苍翠挺拔……他们崇高而又独立的个性一直成为那些文人墨客笔下的灵感。同样，我们每个人也都有自己的脾气秉性，或好或坏。所以，既不要把别人看得那么神乎其神，也不要把自己看得一无是处。

个性就像百年老酒，就像那些百年老字号的品牌，散发和传播着他们独有的芳香和口碑。个性不论有多强多弱，只要你一直以求真趋善的执著，在洁身自好中循着自己的目标轨迹前进，就一定能在不断自我认识中创造自己，也一定会绘出一幅优美动人的人生画章。

▲学会自我推销

如果我们处在一个竞争激烈、强手如林的环境中，除了靠自己出色成绩之外，还要自己善于推销自己。一个有效的自我推销展示，有时能决定一个人的命运。

现在是一个“好酒也怕巷子深”的时代，如果不会推销自己，说不定自己的才华就被埋没，这样自己不仅感觉不到自己的成就感，更重要的是时间久了会造成精神的颓废和意志的消沉。那么自己的价值永远不会得到更大限度的发挥，即有的价值永远也不被认可。

英国杰出的物理学家和化学家亨利·卡文迪许就是一个不善于自我推销的人，当时，他对物理学科有着自己重要的发现，无论在理论方面还是实践方面，他都有很重要的发现。

但他是一个独行侠，不肯迈出家门一步，和外界没有什么交流。在他从事很长时间的科学研究中，没有出版过自己的一本著作。差一点使他的研究成果埋没了近50年。

此事使人们大受启发，一致认为，要想使自己的科学研究成果得到社会的承认，自己就必须勇敢地站出来，推销自己。

亨利的悲哀在于虽然自己已经成功地走入科学的大门，却停滞不前，他的科学成果一直得不到人们的承认，他就是这样一个悲剧人物。

自我推销就是自己卖自己，一个人如果能够把自己卖个好价钱，就说明自己成功地推销了自己。怎么样才能把自己成功地卖出去呢？这是一种技巧，也是一种人生艺术。如果你想把自己卖个好价钱，就必须首先准确地衡量一下自己的价值，自己的价值到底有多大。然后再进行考虑如何销售自己了。

一个人要想成功地推销自我，当定位了自己的价值后，最起码的要相信自己定下了的交换价值，你就应该相信自己值这个价钱，这也是世界著名的推销大师乔·吉拉德一直坚信的原则。乔·吉拉德曾经说过这样一个故事：

有一位从事建筑工作的商人，刚参加完建筑一座大楼的招标会，有些沮丧地对他说："很遗憾，吉拉德，我的这个生意泡汤了。"

"为什么呢？"乔·吉拉德问。

"有三个投标的单位出的价钱都比我低，我一直以为自己出的价钱是最低的。但我不会用劣质原料建筑大楼，我要的是诚心做事，这个城市有很多很烂的工程，他们用最低劣的混凝土来建，而我自己却坚持用比较好的材料，所以这笔生意我不能做了。

令人失望的是，人们往往会选择那些只顾低成本，而不顾高质量的商家。

建筑商被"低价出卖自己"的其他建筑商击败了，其实，这没有什么遗憾的，这个建筑商虽然一时失败了，但他坚持自己的道德底线，相信自己的价值，最终他高尚的德操肯定会被那些识货的人们所发现。

如果连自己都不相信自己的价值，那又有谁敢来信任你、聘用你呢？只有自己相信自己是有价值的人，才能引起别人的关注，别人经过权衡，可能会聘用你。当然，如果你什么都一无是处，什么对你来说都是对牛弹琴的话，你就是一个名副其实的草包了。即使有再多的机会，对一个草包而言，那是不顶任何作用的。推销自己的过程，难免会遇到一些困难和挫折，有营销意识的人就好比一些适销对路的商品一样满足客户。

当确定自己的价值之后，还不能说把自己推销出去了，还要看看自己是做什么的，自己的本质是什么，商品的作用是能满足人们的某种需要，你可以试着想一下，我又能满足人们的什么需求呢？即，你的专业背景，能适合做什么工作，只有找到合适的工作对象，运用自己的时候，才能体现出自己的作用。这个时候，你不妨表现一下自己，适当地展示一些自己的绝活。特别是一些人在应聘的时候，可以较为详细地介绍一下自己很具有说服力的实际成果，为以前的企业提供多少利润等。试想一下，没有一个人会买一个毫无用处的东西，人也是这样。你如果没有用，不能为买主创造价值，那聘你还有什么意义呢？

大家都知道，一般卖东西的人都喜欢吆喝，说自己的商品有多么多么好。自我推销也是这样，必要的时候也要吆喝一下自己，为自己来一阵呐喊助威。

最好能比较完备地说出自己的作用，不要太浮夸，否则，让你真枪真刀地要起来的时候，如果你不能独当一面的话，你迟早会被主管撤职的，那以后你的信誉在人们的心目中也会大打折扣。为自己吆喝是十分必要的。自己值多少钱，就吆喝多少钱。

在有些时候，我们向别人推销自我，由于考虑到别人的各种因素，比如对方的价值观和特殊的心理。知道对方并不一定会接纳自己，这时，你要做出一些让对方得到肯定和欣赏的事来。采取一些灵活机动的方法，使对方在潜移默化中改变自己原有的看法。

英国著名作家毛姆在年轻的时候，一点也不出名，他写出来的书也遭遇冷落，毛姆为此苦恼不已。他知道：如果自己要想成为一名让读者接受的作家，必须通过著作来了解自己这个人。在他毫无名声的情况下，如果直接向别人介绍自己的作品，是不会得到人们信服的。

后来，毛姆创新地在报纸上刊登了一则征婚广告："本人是一位年轻有为的百万富翁，性情温和，善解人意，爱好体育、音乐。非常希望能与毛姆最新作品中女主角性格相同的女士结为朋友，而后谈婚论嫁……"

几天后，毛姆著的书顿时成了抢手货，最后的结果竟让毛姆成了最有名的作家之一。

别出心裁的广告效应，产生了独特的效果，毛姆灵巧地利用人们猎奇的心理，使人们对他的书产生兴趣。他的这种迂回的自我推销策略，使他大获成功。

上世纪60年代日本著名的"推销大王"齐藤竹之助认为："不管你是谁，从事什么工作，也不管你有什么理想。如果想达到自己的期望，就一定要具备自我推销的能力。人人都应该成为自己的推销员，因为成功除了你的能力的大小之外，还与你如何进行自我推销有关。"

一个人在自己不被承认的情况下，要想自己的价值和成果得到社会和公众的认可，就离不开自我推销。

▲活出自己的精彩

一个人最糟的是不能成为真正的自己，不能在身体与心灵中保持自己的本色。

如何才能让自己成为独一无二的人呢？很简单：做自己！因为只有敢于活出自我本色的人，才能真正成为生命的主角，成为自己命运的主宰。

有一个叫凯丽的女孩，她从小心理就特别敏感而腼腆，而且她的身体一直太胖，而她的脸让人看起来比实际还胖得多。凯丽的母亲认为把衣服弄得漂亮是一件很愚蠢的事情。她总是对她说："宽衣好穿，窄衣容易弄破。"同时，母亲总照这句话来打扮凯丽。凯丽也从来不和其他的孩子一起做室外活动，甚至不上体育课。她非常害羞，觉得自己和其他的人都不一样，是一个不讨人喜欢的女孩子。

长大之后，嫁了人的凯丽仍然没有改变。丈夫一家人都很好，也充满了自信。凯丽尽最大的努力学着像他们一样，可是她怎么也做不到。他们为了使凯丽开朗而做的每一件事情，都只是令她更退缩到她的壳里去。她开始变得紧张不安，躲开了所有的朋友，情形坏到她甚至怕听到门铃响。凯丽知道自己是一个自闭者，又怕她的丈夫会发现这一点，所以每次他们出现在公共场所的时候，她都假装很开心，甚至有时装得开心得有点过头，事后，她也会为这些难过好几天。最后痛苦的凯丽觉得再活下去已经没有什么意思了，她想到了自杀。

但是有一天，婆婆的一句话点悟了她。那天，她听到婆婆谈自己怎么教养几个孩子，婆婆说："不管事情怎么样，我总会要求他们保持本色。"

"保持本色"这几个字像一道灵光闪过脑际，凯丽明白了原来所有的不幸都起源于她把自己套入了一个不属于自己的模式中去了。

凯丽后来回忆道："在一夜之间我整个改变了。我开始找出自我。我试着研究我自己的个性、自己的优点，尽我所能去学色彩和服饰知识尽量以适合我的方式去穿衣服。主动地去交朋友，我参加了一个社团组织——起先是一个很小的社团——他们让我参加活动，把我吓坏了。可是我每一次发言，就增加一点勇气。今天我所拥有的快乐，是我从来没有想到的。"

一句"保持本色"的提醒，让凯丽放松了自己，恢复了健康的心态，从而，她也找回了自信与快乐。凯丽经历苦难才学到的教训告诉我们：不论发生什么事，我们都应该永远保持自我，活出自己的精彩。

有一句说得好："人不是因为美丽才可爱，而是因为可爱才美丽。"如果一个人过分自闭而使得自己处处缩手缩脚，那么虽然这样能掩盖自己所谓的缺点，但同时也会埋没自己许多的优点和长处。要知道，刻意去追求的美终会随着岁月而枯萎。而无论什么时候，展露真实的自我才是最美的。

只有真实地生活在自己的世界里，才能发挥出你的特色，才能活出真实快乐的自我。

一个人放弃本色意味着什么？意味着去模仿别人，跟在别人的屁股后面跑。像这样把别人的特色误以为是自己应该追逐的东西，多半不能成大事，即使能有所成，恐怕也是无法持久的，这一点，对于想要成功的人来说，是一大忌讳。

每个人都有自己特定的优缺点，我们实在没有必要因为某些世俗的观念，就将自己改造成他人。这个世界上的每个人都是独一无二的。别人怎么看我那是他个人的问题，与我没有多大关系。我怎么样看待自己，才是最重要的。

在人生的舞台上，我们常常扮演着不同的角色。有时候，我们努力扮演自己并不喜欢的角色，这是因为我们以为这样可以使我们的事业成功，可以让我们活得更愉快。可实际上以真实的自我活着才是最为轻松自在的。如果我们患得患失，把真我隐藏起来，那样不仅可能会使事情的结果和我们的期望南辕北辙，更会使我们自己受累无穷。

其实，我们每一个人都是独特的，我们从来就不是别人的从属和附庸。我们应该以本色示人，以本真行事，活出真实的自我来。

我们应该认清自己的需求，重新排列自己价值观的优先顺序，把自己摆在第一位。做自己认为对的事，成自己想成为的人，这样我们才会干出属于自己的独特事业。

第四章

影响力离不开好人品

在营造你的影响力之前，首先在你的心里要有一杆公平的“秤”，这杆“秤”就是你的品质，好人品就是做人要想长远，必须有好的信用，特别是对人要公平，要友善，要仁德……

▲小聪明是人生败笔

小聪明几乎是每个人所共有的毛病，由于其固有的隐蔽性，所以它的存在就表现在许多地方，它不仅对别人，而且对自己有很大的危害性。你可以凭着小聪明，骗过许多人，但你骗不了你自己，尽管你伪装到深处，对别人的伤害则令人头痛，时间长了，也是对自己心灵的一种拷问。

大家都听过《此地无银三百两》的故事，就是说小聪明犯错误的故事。俗话说，聪明反被聪明误。在遵守交通秩序上，大多数的人就犯了小聪明的错误。他们以为反正路上人挤车多，即使遇到红灯，他也要跑过去，汽车有警察的管束，不敢闯红灯，否则等在前面的是警察的罚单。而我是一个自由自在的人则没有人管，我可以横冲直撞了。

那些小聪明的人自以为自己不凡，他们做什么总认为自己是生活的主角，别人只能算作陪衬，因为他们聪明灵活，用一句常人的话说：这个人很会来事。言外之意是这个人能说会道，善于投机取巧，甚至是一个善变的人。而一旦你的西洋镜被戳穿之后，则会被人们所抛弃。所以，我们认为小聪明是一种短视行为，小聪明是对自己的暂时装饰，其表现并不是无人发现的。而大智慧则以事物发展的全局去把握和抉择，他们的特点是：胸中有丘壑，所以他们是高屋建瓴。大智慧对于智者来说，是一种恢宏的大度。

小聪明的人对生活和人生有一定的了解，但有些自负，总以为自己可以驾驭一切，那些常要小聪明的人往往看不起认为不如自己聪明的人，但遇到比自己聪明的人总会有一些心虚，但他令人无法觉察之处就是不会把自己的不满轻易地表露出来。小聪明的人看不起没有自己聪明的人，同时，他还对比自己聪明的人常怀嫉妒，进行隐蔽性地排斥或打击。他常常用一些不光明的手段，施放一些暗箭或者诳骗，但经常会被那些大智大勇的人所识破。

试着分析一下，小聪明的人既有自己的所谓长处，更有自己的软肋。他的长处在于，他会在某一方面特别地算计和精通，他一时的瞒天过海还可以。短处是他往往会忽视大的方面。所以，一旦被长期和他共事的人发现了他的软肋，他的结局是失败，甚至为人们所讥笑。

那些小聪明的人的本质在于，他们大多都是功夫修炼的火候不到家，基本功练得不那么扎实，犹如古代那个急于想出名的庞涓，对于比自己强的师哥孙膑总是害怕、嫉妒，生怕他占了自己的上风，表面上他是极尽兄弟情谊，暗地里却是变本加厉地迫害。庞涓最后的结局是被乱箭射死，从而成了全天下人引以为戒的例子。

具有小聪明的人往往应付小打小闹还可以，但要担当重任，主揽大局时则会显出能力不足，那时就是他的狐狸尾巴显露的时候。小聪明只能算作是见不得人的小伎俩而已，惯用它的人，会给自己带来诚信度的质疑，也就是人最容易被小聪明所误。

其实我们每个人多多少少都有一点自己的小聪明，拿别人的话来说，就是这人比较圆滑一点。我们每个人有时为了自己的私利，总会以

小聪明来蒙混过关，上过小聪明当的人会对耍小聪明的人产生一种本能的防御心理。所以，小聪明的人在与人合作的过程中，会给自己带来不少麻烦。小聪明对人坏处多多，我们真要干一番事业，总不能以小聪明来行事。我们每个人不妨去掉自己那些虚伪的面纱，对于眼前的小利益不妨看得淡一点，尽量不去耍小聪明，给人以踏实、可靠的美好印象，以便成就我们自己更大的伟业。

特别是那些已有所成就的人，小聪明给他带来的损失则是不可弥补的，由于其自身知名度的影响，别人发觉了他的小聪明，但也无可奈何，只能是哑巴吃黄连。于是，他就可能更加沾沾自喜起来，以为自己的手腕多么高明，从而会屡试不爽。最后可能会造成人格的扭曲，甚至是道德的沦丧。清朝宰相和珅就是一位典型的例子，他的一生是在疯狂敛财、巧施机关中度过的，祸国殃民，最后还不是被一段绫罗结束了生命。

现在我们处在一个处处充满竞争的社会，我们最需要的是大聪明，而不是那些羞于见人的小伎俩。大聪明是人生最宝贵的财富，如果我们想要以大聪明纵横于天下，我们应以诚信为先导，多多关心帮助一下别人，而不是落井下石，也不是对别人的缺点和苦难视而不见。

俗话说：旁观者清，当局者迷。作为一个踏实做事的人，最好不要有小聪明的意识，你可能会多次侥幸过关，这个过关并不代表不被人发现，别人可能碍于脸面或者其他原因，不便于揭穿罢了。但他以后对你的印象和人品可能有所顾忌，与你的合作诚信就会大打折扣了。

鲁迅先生说：“捣鬼有术，有效，然而有限。”古往今来，小聪明者给人留下了说不尽的故事，人们或表示惋惜，或嗤之以鼻。总之，人们对这种人态度只有一个：那就是警戒避之。唯有那些大聪明才被后人奉为楷模，成了人人争相学习效仿的对象。

小聪明的人如果惯用他的小聪明，那么，他就永远不会做大，即使偶然有一时的业绩，也终会失去；小聪明的人如果改用大智慧，会一生有光明的方向和前途，终有做大做强的那一天。

身居高位的人如果运用小聪明则会伤天害理，甚至会颠覆国家，最终也会把自己葬送掉；而运用大聪明，则会造福苍生，泽及后世。

▲忠诚是最好的名片

忠诚是一种宝贵的精神品质，忠诚的人看似有点愚，实际上并不是那么回事，只是忠诚的人对人对事物比常人执著罢了。一个有忠诚品质的人，身边一定会有很多的朋友，而且他还可以得到更多的人生机遇，忠诚的人往往会成为人们争相合作的对象。

三国演义中的文聘就是一个忠于自己故主的人，文聘本来归附于刘表，刘表死后，由他的儿子刘琮接替他的地盘，但刘琮是一个扶不起的阿斗。曹操挥师南下的时候，刘琮对文聘说："咱们一起去投奔孟德吧。"然后他就投降了曹操。可文聘却没有这样做，他一直守着自己的地盘。

当曹操渡过汉水后，文聘才去会见曹操。曹操竟也没有怪罪，只是开玩笑似地说："文聘兄，你怎么来得这么晚呀？"文聘严肃认真地说："曹公啊，我原来是归附刘表的，我是跟随刘表一起报效国家的人，我没有做到这一点，深感愧疚。我原本只想守住这个地方，以便对死去的故主有个交待，也无愧于刘琮。总之，我是没有办法才落到今天这个地步的。我怎么有脸皮去早见你呢？"说完，竟哭了起来。曹操听了，非常敬重他，于是陪着他落了眼泪。后来他让文聘做了江夏太守。

文聘也没有辜负曹操，他像对待刘表那样，忠诚地守住那个地方几十年，免去了曹操对这个重要战略之地的担忧。

现在一提到忠诚，很多人往往会不以为然，认为我们的生活根本就不需要什么真诚，甚至有人把怀有忠诚之心的人看成是傻瓜。他们一门心思只是对财富的向往和执著，“人为财死，鸟为食亡”，用在他们身上是再合适不过了。

现在能吸引人们眼球的东西真是愈来愈多，甚至千奇百怪。所以人们总是顾此失彼，应接不暇。于是，我们有相当多的人做事越来越浮躁，越来越没有耐心，为了追求自己的利益，有的人以婚姻的代价去赌整个人生的幸福。认为自己只要有了自己的物质基础，就会拥有一切。

所以，现在人们的目标纷纷转向金钱，每家每户，各个商家，都以财神为“爷”，好生供奉着，都以物资钱财作为自己人生的追求目标。如果一个人一旦失势，没有了可供利用的价值，身边的亲朋好友就会一跑而光。而全然忘记了以前的亲情以及曾经的帮助。

我国有句古话：巧诈不如拙诚。高明的骗术可能使你一时得手，但那只能骗人于一时。

忠诚作为一种高贵的品质，是人们争相取用的对象。有的人或者企业常用“以诚为本，忠于消费者”自居，而实际上，他们对消费者的忠诚度究竟有多高，恐怕只有使用过他们产品的消费者心里才最清楚。

作为一个人，你可以貌若天仙，但你若不忠诚的话，人们只能说你是一只狡猾的狐狸；作为一个人，你也可以貌似潘安，但你若不忠诚的话，人们只能说你是一个靠不住的人。所以，即使你有良好的自身条件，但你也不能不忠诚，否则，你会失去别人对你的期望和信任。别人只能认为你是“金玉其外，败絮其中”罢了。

忠诚是永恒的，你一旦把忠诚的种子撒遍人生的角角落落，你的生命中收获的是一段段美丽的风景，它比金钱更有魅力，一个一切向“钱”看的人，注定他的人生是平庸的人生，换来的是满身铜臭堆砌而成的无情冷漠。而忠诚，则能给你的人生润色生辉，因为它注入了人性的光华，而获得丰富的人生内涵。

现在，你或许没有惊天动地的事业，也没有如雷贯耳的名声。如果你守住忠诚，去除狡猾虚伪，在你的人生中一定会有一片美丽独特的风景，而且它还会长盛不衰。忠诚是我们对待自己、对待朋友、对待其他人的正确选择。它是使我们完善自身的法宝，会使我们前进的道路更加宽广。忠诚的人是对自己的行为负责，是自己行动和心力的无私付出，是生活中一种步步为营的态度，忠诚会使成员之间协作更和谐，大家更容易拧成一股绳，当然会使大家一起获得成功。

试想一下，一个处处充满欺骗的社会，人们的生活还会有安全感吗？人们的生活还会有美的旋律和色彩吗？

伟大诗人雪莱说过：“在任何生命中，忠诚都是贯穿于其中的主线——甚至在一种文化中也是如此。最重要的是，它给予一个生命或一种文化以意义和情味。”

很多人对汉高祖刘邦颇有微词，认为他是一个市井无赖和流氓，我认为这种评价对他有失公允，重要的是他能集众多英才为自己所用，如果没有根本的诚信，会有很多人为他打天下吗？没有诚信作基础，他能指挥得动众多英才吗？很多人之所以这种评价，可能是因为出于某种妒意。认为一个占有天下的，应该是一个满腹诗书的人。

对于公司也是这样，只有有了广大员工的忠诚奉献，才会有公司的向前发展。公司与我们的生存发展息息相关，对于公司发生的问题，我们当然不能听之任之，更不能事不关己，高高挂起。公司的兴衰不要看成是老板和管理者自己的问题，在你轻视或贬低它时，同时也是贬低你自己。所以，当一个企业在招聘员工的时候，特别是重要职位，忠诚度就会被放在首要考核的位置。

一次，美国福特公司有一台马达出了故障，公司所有的顶尖技术人员都出马上阵，但没有查出故障原因，这让公司高层一时很着急。这个时候，有人推荐了一家小厂的技术员思坦因曼思，福特公司便把他给请了过来。

思坦因曼思来到福特公司之后，只要了一张席子放在马达的旁边，他聚精会神地听了几天之后，他在马达的一个部位用粉笔画了一条线，并注上：这儿的线圈多绕了16圈。福特公司的技术人员按着他写的建议，拆除了马达多余的16圈线后，马达能正常工作了。

福特公司总裁对这位技术员大加赞赏，给了他一万美元的酬金，然后又亲自邀请他到福特公司效力，并答应给比他在小厂丰厚的待遇，但思坦因曼思拒绝了福特公司总裁，说那家小厂在他最困难的时候帮助过他。

福特先生自然觉得惋惜不已，忽然又对他的人品欣赏不已，他开出的优厚条件居然打动不了这个技术员，当时能在福特上班，那是引以为荣的事情。他却为了忠于自己的小厂，而甘愿放弃这一切。

时间过了不久，福特总裁在董事会上作了一个令人不可思议的决定：收购思坦因曼思工作的那家小厂。当别的董事问他原因时，他这样说："人的品质最宝贵，因为那里有思坦因曼思高尚的员工，难道这还不够吗？"

对于个人而言，如果没有自己的忠诚，身在曹营心在汉，这其实对自己个人而言是更大的损失，因为这大大降低了自我价值的发挥。甚至对自己以后的发展毫无好处。人生总要面临很多坎坷，老板一时的严厉还不是因为你还不争气，还不具备独挡一面的实力。相反，这样做会增加你的资历，完善你的经验，使你在曲折中得到成长。如果你有了一定的实力，公司自然会重用你。工作哪有不吃苦的道理，如果大家都是表面一团和气，有问题不说，有错误不纠正，这样，公司还会有发展前途吗？

▲守诺

太史公司马迁在其《史记·季布列传》中说："曹丘至，即揖季布曰：'楚人谚曰：得黄金百，不如得季布一诺。足下何以得此声于梁楚之间哉？'"这就是成语"季布一诺"的由来。

笔者在本节说到了"季布一诺"这个成语，不妨先看看季布这个人。在我国秦代末期，楚地的季布对人很讲诚信，他说过的话从不食言，无论他承诺的事情多么难办，他也要千方百计地做到，他负责任的义举受到了周围人的一致好评。在刘邦和项羽争夺天下时，季布在项羽的那一边，他几次为项羽出谋划策，使刘邦的军队吃了不少苦头。

等刘邦夺得天下后，对季布很是生气，于是在各处张榜通缉季布，但有很多对季布表示同情和对其人品敬慕的人都在暗中设法帮助他。

那时已经过化装的季布，来到齐地一个好的人家当佣人，那家人已知道他是被通缉的季布，他们对他非常好，不顾冒着被杀头的嫌疑，收留了他。以后那家的人去洛阳找刘邦的故友夏侯婴通融，最后刘邦采纳了夏侯婴的劝说，收回了对季布的通缉，还封季布做了官。

就这样，一个具有诚信的人在最危险的时候终于得到了人们的认可。关于季布的这个故事甚至一直流传到现在，被现在的人们津津乐道着。

现在，人们总是标榜自己是一个善良、明理的人，说过的话，做过

的事都是百分百正确。但事实上人们好像对待承诺总没有说的那样好。我们总会把真理有所曲解：不管黑猫白猫，抓住老鼠才是好猫。只要我们认为有利可图，总是会把承诺丢在脑后，别人真要是追究起来，就以各种理由搪塞了之。甚至有时还能做到理直气壮，脸不红心不跳。看来很多人在这方面的功夫确实练到家了。

对于我们的朋友，我们常常说："有钱大家赚，有难大家担。"而对方一旦真的大难临头的时候，我们的承诺就会跑得毫无踪影，甚至还会做出落井下石的事情来。在办公室，刚来的同事抱着求救的心态向我们请教时，或许我们在他请的盛宴中信誓旦旦，说什么你的工作包在几个哥们身上，没有任何问题。而一旦涉及实质性问题的时候，我们不是支支吾吾，就是严加"训教"，大耍派头，从来不把技术的核心传授给新人，甚至当上司在的时候，作为技术大家的我们在等着看新人的笑话。我们为什么要这样做？还不是因为，如果这个新来的年轻人把技术掌握了，我们又怎么在公司立身。所以，我们对新人总是加以限制和打击。其结果是：企业的技术进步很慢，相应地，企业的发展也很慢。

笔者认为，作为一个有尊严的人，首先不能失信于人，一个失信的人，又怎么能对别人承诺的事情放在心上，我们要把诚信作为人生最有价值的品质去看待。我们一旦选择了人生方向，不管条件多么恶劣，环境发生了多么大的变化，我们都坚定不移地坚守我们的人生目标，执著地去追求我们的事业。然后就是不能失信于别人，为了自己的承诺，哪怕失去很大的利益，我们也要以赢得起、输得起的心态来履行我们的承诺。否则的话，没有信用的我们，在社会中只能茕茕孑立、形影相吊地独行。最后就是不能失信于我们的工作，如果我们的工作没有完成，我们的公司就少生产产品，少生产新产品，我们的企业的销售额就要受到影响。

如果我们一旦给了上司一个不可信的印象，我们的前途还会有吗？所以平时要言行一致，表里如一。反过来，一个领导人如果不信守承诺，还有哪个手下肯为他冲锋陷阵。你只有做个守诺的人，为别人做了事情，同时也是为自己做了事情，才会有光明的前途。

我们的经济何以发展迅速，主要与我们良好的合作和信用是分不开的。如果一个不履行合同的企业，别的企业还会和它一块做生意吗？有时，信用是非常重要的，发达国家把它看得比天还重要。

俗话说：君子一言，驷马难追。我们要做一个重信守诺的人，前提是在我们力所能及的范围内，如果我们不具备这个条件，还要一根筋走到底的话，就失去了它的意义。所以我们不必轻易允诺，一旦实现不了，害了自己不说，也得不到别人的认可和同情。自己办不到的事情，千万不要轻易答应人家。

由此让笔者想到了某年春节联欢晚会郭东临演的一个小品。里面说的是一个人说他自己很有本事，在火车票源紧张的季节里，他能通过自己的各种关系搞到卧铺车票。其实他并没有什么真正的能力和关系，他的上司托他买的车票是靠他整夜地排队排来的。当他的上司到他家串门取火车票的时候，他给了上司两张票，并说自己如何神通，有多么厉害，把自己吹嘘了一番。他的上司一听，既然他这么有本事，于是就让他再代买几张火车票，他听了后悔不迭，连连用手打自己的嘴巴。说着

又要扛着席子去排队，挨号买票。这下他的妻子可受不了啦，只得把事实和盘托出。这让他的上司深思了许久，怀疑他是不是真的有毛病。

我们在社会生活中少不了和别人打交道，有时，我们一时的豪言壮语，开了很多空头支票。如果对方是一个认真的人，他事后要求你一一兑现的话，是不是那个场面有点尴尬呀。你要想成为一个受欢迎的人，首先你要履行承诺，别让别人失望，从而获得别人的信赖，要么就是不要轻易允诺，因为你要为你的承诺负责，所以当你开口同意为某人某事做出一些行动之前，先要掂量自己的能力，能有几分胜算。

另外，还有曾子杀猪的故事也能给我们很大的启示，限于篇幅，笔者不再一一列举了。总之，季布之所以还能够在现在还为人们所纪念，是因为他的人品所折射出来的光辉形象，只要我们的社会还需要合作，人与人之间还需要打交道，季布的承诺精神对现在的我们及后人还一定会有很深远的影响。

▲尊严使你的形象更高大

做人要有自尊，伤自尊的事情给你多大的好处也不要做。因为尊严是我们做人的最基本准则，是人际交往的底线。如果一个人有损于你的尊严，你可以毫不犹豫地和他彻底决裂，而且不会承担任何有损友情的后果。尊严代表着上进，代表着这个人有骨气，大丈夫可杀不可辱的道理谁都知道。

古往今来，在尊严面前，有多少刚烈志士用气节，用热血，甚至用生命去换取。古代有人不吃嗟来之食，以突显尊严，有的人甘愿放弃富贵以显骨气，有的人甚至在严刑拷打、威逼利诱之下也不曾妥协，他们宁为玉碎，不为瓦全，他们是人中真君子。

像那些为自由、为人类解放而失去生命的革命志士在人类的发展史上留下了多少可歌可泣的英雄事迹啊。他们是中华民族的铮铮铁汉，他们死得其所，他们为后人树立了崇高的革命气节，他们的精神是精华，是巨大的无形财富，激励着华夏儿女为了人类的发展不断向前拼搏奋斗着。

在平淡无奇的日常生活中，有些人由于能够捍卫自己的尊严而声名远扬，甚至脱颖而出。他们的壮举一直为人们所津津乐道。下面就是一个有关尊严的真实故事：

1995年3月7日，在珠海市吉大南山工业区一家电子公司的车间内，韩国女老板金珍仙对中国的员工大声咆哮着，滥施着她的淫威，她竟然

厚颜无耻地要求中国的全体员工下跪。事情的导火索竟然是由于一个女工没有遵从公司休息时要一律列队离开车间的规定。而那个女工因为超负荷地工作，而导致患了感冒，在工作中睡着了。

开始，所有的员工都不下跪，这个邪恶的女人竟然动起粗来，把那位睡觉的员工打了一通，迫使这位涉世不深的女工跪了下来。还当场扬言："若有一个人不跪，就让所有的员工跪着工作。"可能迫于女老板那经常在公司员工面前不可一世的霸道，慑于她的淫威，100多名工人陆陆续续地跪了下来。

但只有一个叫孙天帅的小伙子没有跪，他像鹤立鸡群似的站在跪着的工人中间，是那么令人瞩目。眉毛竖了起来，双眼流露出一股愤怒，充满不屈的倔强。

"你为什么不下跪？"蛮横的女老板用手指着这个唯一不肯下跪的年轻人。

"因为你没有权力，也没有理由让我下跪。"他愤怒地说道。

面对这个公开反对女老板的孙天帅，女老板的火气全都集中到了他身上。这时，人事管理员赶快过来劝解，他拉着孙天帅小声央求着："天帅，你是知道的，老板其实对你是不薄的，顾全大局，给她一个台阶下吧。"孙天帅此时义正辞严地说："她为什么不给我面子呢？"他甚至对下跪的工友们大声说："我们是中国人，凭什么要下跪？"

感到丢了面子的女老板变得歇斯底里起来，粗俗地吼道："不跪就滚蛋。"

这个女人的话音刚说完，孙天帅就一下子撕掉身上的厂牌，大义凛然地离开了车间。此后，由于孙天帅崇高气节的影响，有不少曾经下跪的工友也离开了那家公司。

孙天帅把这件事投诉到了媒体，珠海各大媒体铺天盖地的声讨压了过来。坚决要求这个横行在中国土地上的女老板赔礼道歉。

这个韩国女老板最后更是丧心病狂，对中国员工做出了厚颜无耻的事情，独自侵吞了中国员工的100多万的工资，还欠下中国的巨额贷款。在国内强大的舆论压力下，不得不夹着尾巴悄悄离开了中国。很多的韩国人都以她为耻辱。

河南的一个企业家有感于孙天帅的民族气节，他将孙天帅送入郑州大学进行深造。如今的他成了一家报社的记者。最后，他还被请到中央电视台做专访。他的事迹还被写成了一本书叫《不下跪的中国人》。

有时，人的尊严比金钱更宝贵，在这一点上，孙天帅交了一份令国人非常满意的答卷。他给我们留下的是难忘的记忆，是尊严的捍卫和一种不屈的人格魅力。

一个具有尊严的人，他不一定要有多少财产，也不一定要有多么大的力气。他即使是乞丐也会让人尊敬。对于我们来说，不论自己有多么卑微渺小，既要善于维护自己的尊严，又要善于维护别人的尊严，尊严是人生最大的资本，在强权面前不屈服是尊严，勇于坚持自己的人格是尊严。它会使自己有志气，有上进心，使自己的形象更高大。

有一位名人曾说过："人的尊严是一种高度和重量，再卑微的人有了这种高度和重量，就使自己变得有血性，使形象变得更高大。"捍卫我们的尊严，生命会因之变得更加强盛有意义。

▲谦虚使你的影响更深厚

在春秋时期，宋国有个叫高阳应的大夫。一次，他准备盖一幢房子，在自己的领地砍了一批木材。他马上就把它们运回了房址，要求工匠即日动工盖房。

工匠看到地上刚被砍伐下来的湿润树干，就对高阳应说："这些刚砍伐下来的木头含水分太大，柔韧而又容易弯曲。房子开始建起来的时候，会比较坚固，但随着时间一长，这种用湿木料盖的房子很容易倒塌。"

高阳应听了不以为然地说道："难道你不知道湿木头干了会变硬的道理。时间一长，湿木料就变硬了，变硬的木料支撑着房子，那怎么会倒塌呢？"

工匠们只是凭经验行事，并不能讲出实际的道理。工匠们只好遵照高阳应说的去办。

尽管湿木料给工匠们带来切削和拉锯不方便的困难，但工匠们还是一一克服了它们，他们按尺寸很快建好了一幢新房。

住上新房的高阳应自然高兴万分。他认为之所以完工这么快，主要归功于自己用聪明的思维说服工匠的结果。过了不久，高阳应的这幢新房发生倾斜，逐渐地，越来越严重，最后房子真的倒了。

作为古代的一个大夫，高阳应位高权重，在安邦定国方面的本领肯定要比工匠们强，但他也不能处处逞强。在盖房子方面，他只不过是一个门外汉而已，他的自以为是，为自己种下了房子倒塌的苦果。

谦虚是一个古老的话题，无论是古人，还是现在的人，都对谦虚有着自己独到的深刻体会。古代大思想家孔子说："满招损，谦受益。"英国伟大的物理学家、数学家、天文学家牛顿有一句名言："我不知道人家怎样看我，但是在我自己看来，我就像一个在海滩上玩耍的小孩子，偶尔拾到一片较为光滑的圆石，而真理的大海我并未发现。"毛泽东主席认为："谦虚使人进步，骄傲使人落后。"……这些有很大成就的伟大人物都表现得如此谦虚，何况我们这些普通的人。所以，我们这些普通的人应该更要谦虚。

谦虚是来自心灵的自我认识，越有成就的人越谦虚，因为一个有成就的人，他一定经历了攀爬人生高峰的苦涩，当他站得高、看得远时，他就会发现自己对于广大的天地来说，是那么微不足道。使他真正懂得"人外有人，山外有山"的深远境界。所以他们把谦虚当成了修身处世的准则。

虚心的人总像大海一样，把自己的位置放得很低，容纳着万物生灵。他们从不刻意去表现自己，不与人争强好胜，他们尊重别人，对不如自己的人也很尊重。他们认为，每个人都有值得学习的长处，只要发现别人的一点长处，也要马上学到，并运用到实际生活中去，逐步地，他们的能力就在这种学习中突飞猛进。

当然，我们发扬谦虚态度的同时，也要掌握分寸，谦虚不可盲目，也不可怯弱，也不能矫情。谦虚是我们自己在充分保有自信心的前提下，能分辨出自己有几斤几两。谦虚并不是说我们曾经取得的成功没有意义。

谦虚的意义是什么呢？在中外悠久的历史中，又有多少个历史人物因为暂时夺取的胜利而骄傲，从而最后又被敌人从手中把胜利果实夺走，最终成了阶下囚，甚至丢掉性命。也有不少的科学家因为开始有了一些成就就自认为自己了不起了，于是固步自封，蔑视一切新的研究，对新的科学成果进行无情打压，以便维护自己的“一枝独秀”。

人一旦成了气候，虽然影响已经很大，但也往往成为别人瞩目的对象。这些影响很可能会令那些与你相差不远的人产生妒意。如湘军的首领曾国藩，在太平天国被平定以后，曾国藩掌握军队的人数达数十万之众，大权独揽，手握权柄，一个汉臣有如此的潜在威胁，这必然引起了清廷政府的不安。曾国藩此时并没有骄傲，而是非常谦虚谨慎，自动削去一些高位和掌管军队的数量。这才使清廷放了心，从而避免了杀身之祸。

谦虚的人处世总能高瞻远瞩，待人总是宽宏大量，能容纳别人的不同意见，这种高尚的品质，使别人更加敬仰。真正谦虚者对自己则是严格要求的，对于人生的机遇，则会毫不犹豫地抓住。

大家几乎都知道诺贝尔奖金，但很少有人知道诺贝尔的人生故事。这位伟人为人类做出了极大的贡献，但他自己非常谦虚。

据说，有一个商人想出一部名人集，找到了大名鼎鼎的诺贝尔。诺贝尔彬彬有礼地谢绝了，他说：“我将来会喜欢这本很有价值的书，不过不要将我写进去。因为我不知道自己是否有担当这份名望的资格，我不喜欢过分渲染夸大。”

还有一次，他的哥哥要想出一部有关他们家庭的历史，他要诺贝尔写一份自传，诺贝尔说：“阿道尔弗雷德·诺贝尔，在呱呱坠地时，性命差点被一位仁慈的医生夺去。优点就是保持干净的指甲，从来不愿意连累别人；缺点是脾气不是那么温和，有胃病，一生没有娶妻；唯一的愿望就是不要被别人活埋；最大的过错就是不乞求神灵的保佑，对他们也不尊敬；一生重要的事情就是没有什么可说。”即使哥哥几次要求，甚至提出为他整理，但诺贝尔始终不同意，他这样回答他的哥哥：“我一是没有足够的时间，重要的原因是我不能写什么自传。在浩翰的宇宙中，有那么多的星球。但对于微不足道的我们，有什么好写的呢？”

诺贝尔杰出的贡献与他的谦虚是分不开的，一生都不喜欢过分地宣扬自己。他只希望为科学事业做点实实在在的贡献。

谦虚的人心中有丘壑，他们的人生往往更深厚，胸有成竹而波澜不惊，他们才是真正的集大成者。

▲爱心让你更成功

爱心的意义非比寻常，它的作用巨大而无私，它的目的应该是为了人类都能更好生存的权利。人人都有做出贡献的权利，穷人靠这些可以得到生活所需，富人可以尽到为人类做贡献的责任。

有这样一个人，年幼的时候在古巴过着殷实幸福的生活，他的父亲是一位大种植园主。19世纪60年代，古巴的一场革命风暴袭来，把他富足的父亲剥了个精光，当然也把他剥个精光，他的家庭变得一无所有了。

无奈之下，他们只好含泪离开了这个本不想离开的岛国，当他们来到离古巴不远的美国时，全家人除了血肉之躯和一把已经作废的纸币外，再也找不到其他有价值的东西。生存是人生第一要义，15岁以后，他就和父亲打工维持生计。

开始的时候，他在位于海边的一家小餐馆做服务生，因为他的机灵、勤快且不要报酬，老板很高兴。为了让他学好英语，老板有时把他带到家里，让他和自己的孩子们一块玩耍。

慢慢地，他长大了一些，重新换了一份在一个食品公司做销售员兼司机的工作。开始上班之前，父亲对他说："很久以来，我们的祖宗留下一条遗训，叫'每天做一件善事'。你的先辈们之所以有那么大的成就，主要与这几个字有关，现在你正式到外面闯天下了，最好能牢记祖宗的训教，以扩大我们的家业。”

“每天做一件善事”几个字，在他的心里扎下了根，他认真而又执著地执行着：他把食品送到各个街道的商店时，一直想方设法做一些顺手帮助人的善事，像替店主把信捎到外地去，让上学的孩子顺路搭他的便车。为此，他愉愉快快地干了4年的工作。

4年之中，他的收获不小：他自己的销售量占全州销量的40%。公司对他的业绩很是欣赏，第5年，他获得了提拔，被派到墨西哥统管整个拉丁美洲的销售工作。后来的业绩更是辉煌，他打开了拉丁美洲的市场后，又被调到北美和亚太地区。1999年，他被任命为公司的CEO，年薪700多万美元。

到了20世纪，他又成了美国各个跨国公司首席执行官的候选人，这时，美国总统布什提名他出任下一届政府的商务部部长。

这位每日做善事的人叫卡罗斯·古铁雷斯。一次，《华盛顿邮报》的一位记者采访他，让他谈一点自己的人生体会。古铁雷斯说了这么一句耐人寻味的话：一个人命运的沉浮，通常在于他平日生活中做出的小小的善事。

人生活在这个世上，来去匆匆，其实是没有多少时光可以供人享受的。但人作为改造自然的主体，应该享有人人都有做出贡献的权利，人人也都应该享有做出贡献所具备的条件，比如接受教育等，人人也都应该享有获得自己最基本物质生活的需要，比如衣食住行等，然后再谈奉献。

关于爱心，不得不说一下洛克菲勒，53岁以后，一心赚钱的洛克菲勒开始把他的亿万财富散发出去，他成立了洛克菲勒基金会，使世界各地患疫情疾病的人得到及时救助，使世界各地的无数文盲吮吸到知识的甘霖。另外，基金会对医药事业做出了极大的贡献，据说盘尼西林和其他数十种具有良好疗效的药品都是使用洛克菲勒基金才得以发明的。以前的年代，儿童患脑膜炎的死亡率曾高达80%，现在我们的子孙后代不再受到脑膜炎的肆虐侵害。这也是洛克菲勒的功劳，另外还有其他一些学校的建立，如：芝加哥大学的创建……人们对洛克菲勒的态度也发生了根本的改变，在众人的心目中他再也不是那种刻薄寡恩的形象。

卡耐基就此曾经说过，在巨富中死去是一种耻辱。比尔·盖茨夫妇也打算将价值400多亿美元的财富全部捐献给社会。在世界富翁排行榜上名列第二的美国银行家沃伦·巴菲特，也已写下遗嘱，将总值约305亿美元的个人私有财产的99%全部捐赠给社会慈善事业，用于为贫困学生提供奖学金，以及为计划生育方面的医学研究提供资金。这已成为美国富人行列中的一个规律。

细细想来，像比尔·盖茨这样富裕的人的良心，还有权威专家们的思想认识，给我们也上了一堂真实而生动的人生示范课。在认识到人应该对社会有所作为的同时，也使我们不断提升自身的道德品质，在奉献爱心的过程中，慢慢修炼得到正果。

▲信用是人生立世之本

金融大鳄摩根还没有发迹的时候，他是伊特纳火灾保险公司的一个股东。当时的伊特纳火灾保险公司是一家毫无名气的小保险公司，而且可以暂时不用拿出钱来，只要在其股东名册上签到姓名就可以成为该公司的股东。

不久，伊特纳公司的一个客户发生了一场大火，公司为此不得不付出赔偿金，但那是一笔巨大的赔偿金，实力不强的伊特纳公司如果付清赔偿金的话，就会陷入破产的境地。股东们一下子都好像跌入了万丈深渊，纷纷要求退股。

把信用看得比金钱还重要的摩根经过再三考虑，为了偿付客户的赔偿款四处奔波，甚至连自己的住房也卖掉了，最后把全部的赔偿付给了那家发生火灾的客户。另外，他还低价收回了那些要求退股股东的股票。经过此次事故，摩根虽然损失了不少，但在人们的心目中，伊特纳保险公司成了一家守信用的公司。接近破产的他，不得不打出广告：凡是以后参保的客户，保险金加倍收取。但在很多人的心中，信誉就是金钱，很多客户纷纷而来，从此伊特纳公司迅速发展了起来。

又经过了许多年，摩根的公司在华尔街独占鳌头，摩根积聚了亿万财富，他成了一位富可敌国的金融家。

其实，摩根成功的源头不是千千万万的资本，而是伊特纳公司的一次赔偿事故，它为摩根赚足了发展的信用。

在我们这个物欲横流、各显神通的社会中，有些人一心想着自己所要得到的欲望而置自己的信用所不顾，违约、失诺和巧取豪夺是他们奉行的“高招”。他们这样做无异于火中取栗、竭泽而渔。

看看那些有影响、有德性的人没有一个不是说话一言九鼎，诚信是最好的广告，又有多少人由于一时的失信，甚至是一次的失信给自己留下了深刻的教训。这甚至是用多少钱也买不来的东西。

一个守信用的人才会给人以放心感，一个守信用的人才会有人追随，这样，他们才能集众人之力，发展壮大自己的志向和事业。信用几乎像真理和公式那样储存在人们的心目中，信用是人生发展的根本，没有了信用，什么事也难以成功。

当我们不能信守自己承诺的时候，我们就会从心里感到过意不去，也会感到内疚和自责，甚至有一种负罪感。更深一点，就是自己很可能要失去一位朋友了，甚至要失去这位朋友可能带给我们各种可能的人生机会。一个没有信用的人不会有真诚的朋友，他的生活会过得很孤单，没有归属感，有一种不安全可靠的感觉。只有那些有信用的人，才能把自己的快乐和痛苦让自己的朋友们一起分享。

第五章 责任让你更有影响力

责任使我们付出了心力和体力，另外它肯定会有一个回报，那就是：由于你的负责，你脱颖而出了，然后，你成了群体瞩目的焦点。

▲责任彰显影响力

什么是负责？我认为，负责是一种勇敢的承担，是一种有的放矢的限制，还是一种激发潜力的动力，它能使我们得到成长。一个具有责任心的人，他对自己的责任充满着执著、担忧和期望，并且实事求是地做下去，而且保持足够的清醒，不受任何诱惑地勇往直前，直到实现。负责使我们的形象更高大，会塑造自己高尚的人格，得到别人的尊重，还能为自己踏出一条辉煌的人生道路。

其实，每个人都有自己的责任心，只是大小程度不一罢了。从小的方面讲，我们每个人每天早晨要起来上班，这就是一个对家庭和社会的责任，对家庭而言，我们得到薪水，可以养家；对社会而言，我们上班是为了创造社会产品，发挥自己的贡献。对我们自己来说，每天早晚刷牙是对自己牙齿的负责，每天跑步是为了对自己身体健康负责。

责任包括很多方面，如：家庭的责任，工作的责任，对人的责任，对自己的责任，对社会的责任。如果一个人没有自己的责任心，那么成功对于他来说是天方夜谭。世界和生活是公平的，你承担和付出得越多，相应地，你的潜在回报也就越多。有人认为，靠投机倒把和坑蒙拐骗获得的“成果”只是暂时的，毕竟没有经过踏实的流汗，稍微不注意就会有失去的那一天。

作为一个团体组织来说，也有它自己的责任心，如果它把自己的产品和对顾客的服务做足了责任心，顾客会从心底里感激的，当然，组织的寿命也会得到延长，形象也会得到加固。

在我国某市的一条街道上，矗立着一座古老而又普通的6层楼房，有一天，这座楼房的业主收到一封来自某国一家设计单位的一份信函。

信函中说：尊敬的业主，本楼建于1917年，它最初的设计期限是使用80年，如今，这个年限已过，以后敬请各住户注意安全。信函最后的署名是来自某国的一家建筑设计事务所。

此举让该楼的业主们大为感激，他们都感叹这一家远隔重洋的国外建筑设计事务所如此对住户负责。虽然80多年过去了，这家国外的建筑设计单位的设计师恐怕早已撒手人间了，甚至包括建设它的那些工人和工程师大概也不会在人世了。人虽然走了，而责任没有走，这家建筑设计公司有如此长的生命力也就不难理解了：责任是它发展的根基，这份责任不知在这家设计事务所传承了多少代职员，是他们一个个负起自己的责任，又传给后来的一批批的接力者。这是一种怎样的责任感啊！

这家建筑事务所可能规模不是很大，为什么有关它的这个故事的帖子反复被转载，因为它对国人的影响非常深刻，会让我们某些只追求经济利益的企业蒙羞。

这种对用户负责的精神，很值得我们某些企业学习，他们的业绩可能会比这家事务所高出许多，产值可能是数十亿，而他们的责任心可能是零。对于环保，他们为了节省成本而敷衍了事，全然不顾企业周围居民的身体健康。甚至被媒体曝光后，脸皮比城墙还厚，依然会我行我素。人要有好的责任心，在这里，对企业来讲，同样适用。

作为个体的我们，勇于负责的态度对我们来说是必须的，它不仅仅是我们修养的问题，重要的还是团体发展的保证。对于企业，它的兴衰成败在于每个人是否有足够的责任心，一个勇于负责的员工对企业的发展是有决定性的，因为企业的运行，可能因为某个小地方的故障或者失误而导致大的灾难性后果。相反，那些在工作中推诿、逃避责任的员工在老板的眼里的形象会大打折扣。对人一旦有了不负责任的印象，就会被人视为一个不可靠的员工，提拔和深造将会与你无缘。所以只有那些在工作中负责，对公司负责，对产品、客户和服务负责的员工才是老板最喜欢、最器重的人选。

在工作中，我们不妨主动承担一些责任，全心全意地集中在上面。有时，一些与你没有直接关系的事情，你也应该尽力做好它。你说不定会在它上面发现新大陆。如果你一旦表现出了卓越的工作能力，那么你在公司中的待遇和影响也就会比常人丰厚得多。

▲天塌下来你顶着

天下的事物不可能永远的辉煌，不可能时时都处在好的境况。一个国家如此，一个组织如此，一个公司如此，具体到每一个人也是如此。当困境到来的时候，我们怎么办?

特别是当国家处于危难之际的时候，有的人虽然身居要职，却把自己对国家和人民的职责忘得干干净净，投降、逃避和保全实力是他的首选，丝毫不顾人民的死活，带着细软逃之夭夭。就好像那个不敢抗日的韩复渠，在抗日战争的时候，见到日本军队一枪不放，一仗也不敢打，一逃千里，从而成了人人唾骂的千古罪人。而明代兵部大臣于谦就是一个值得效仿的英雄。

在明朝的时候，被称作西蒙古的瓦剌的统治者也先派兵对明朝边境进行侵犯。朝廷接到边境的紧急战报后，明皇帝英宗听信了宦官王振的建议，准备御驾亲征，抗击也先的军队。兵部侍郎于谦坚决反对皇帝出战。但皇帝没有采纳他的意见，而是把他留下来看家——主持兵部的日常工作。

果然不出于谦所料，明军中了也先军队的计策，英宗在战役中被俘，京城的人顿时人心惶惶。监国主政的郧王朱祁钰和大臣们商议作战和防守的策略，有人占卜星象变化，说应该把首都迁到南京。而作为兵部侍郎的于谦大义凛然地站了出来，大声说："主张南迁应杀无赦。京师是天下的根本，不能动摇，宋朝南渡的教训还不够吗？”郧王采纳了于谦的建议，积极地进行防守。

于谦被任命为兵部尚书。他对作战胸有成竹，仔细分析了敌我形势，指挥若定。他奏请郧王调南北两京、河南的备操军、山东和南京沿海的备倭军、江北和北京所属各府的运粮军，马上开赴京师，重新部署。

当时，朝野都倚重于谦，于谦毅然把国家的安危视为自己的责任。吏部尚书王直握着于谦的手叹道：“国家正倚赖你呢，你要好自为之！”

自从英宗被俘后，大臣担忧国不能一日无君，太子年幼，会造成朝政混乱。在于谦力主下，成王当了皇帝，即景帝。于谦还发布命令让各边境的守军拼死抵抗。还令各地招募民兵，令工部制造器械盔甲，派遣重兵据守九门重要的地方。迁徙外城附近的居民进入城内。储存在通州的粮食也运进京城，不把粮食留给敌人。

这年十月，也先挟持着英宗攻破紫荆关直入内地，进攻京师。于谦马上分别调遣诸将带领二十二万兵士，在九门外摆开阵势，把各城门全部关闭，自己亲自督战。于谦下令：临阵将领不顾部队先行退却的，斩将领；军士不顾将领先退却的，后队斩前队。于是将士知道必定要死战，都奋勇杀敌。副总兵高礼、毛福寿在彰义门北面抵挡敌人，俘虏了一个头目。

也先本来以为可以一举攻下京城，看到明朝官军严阵以待，有些丧气。也先部队想从德胜门攻入，于谦令石亨在空屋里设下埋伏，派几个骑兵引诱敌人。敌人一万骑兵逼近，副总兵范广发射火药武器，伏兵一齐起来迎击。也先的弟弟孛罗被炮打死。也先作战失利，又听说明朝各地勤王的部队马上要开到，恐怕截断了他的归路，于是拥着英宗向西撤退了。就这样，一场有关国家危难的局面排除了。

面临危局，朝廷中许多人毫无战心，正欲迁都南下的危急情况下，于谦提出“社稷为重君为轻”，坚持保卫北京，继续抗敌。从而维护了国家和人民的利益。于谦的这种精神影响了世世代代的人。

公司中的每个成员都应勇于负起自己的责任，不管你的岗位是多么微不足道，你只要尽到你的责任，完成自己的使命，要相信组织，要相信公司终会有渡过难关的那一天，而那些不能与组织或公司共存亡、一遇到困境就逃跑的人，是不能成就大事的，一旦困境过去，首先得到提拔的是那些勇于负责任的人。

我们每个人都一样，也有自己难过的日子，当困难处境到来的时候，也不要逃避，要勇于挑起人生的责任。一逃就意味着前功尽弃，从头再来，将付出巨大的牺牲。

▲坚持原则成就影响力

一个人一旦确定了自己的人生奋斗目标，就有了实现它的责任，为了它的实现，就要付诸自己的切实行动。在行动中，要按照一定的原则，以确保行动的持续进行，使奋斗目标得以实现。

我们不论做什么都要有自己的原则，至少要有自己的底线，如果越过了这个度，我们就要做一些调整。否则，就是对自己人生不负责，可能会导致自己所期望的事物不能完成，而且还会丧失自己的个性，从而失去自我。

人只要有了生活理想，就不能没有生活原则，因为人一旦有了生活理想，就必须对它有所规划，有了规划就必须需要有相应的行动去实现。要想更好、更快地实现理想，只有有了原则，一心一意朝目标付诸行动，才能保证生活理想的实现。一旦放弃了这些原则，我们就会变得像一盘散沙，做事没有激情，没有效率，会发生很多违心的变化，一旦遇到理想实现的障碍，我们就会像战场的逃兵一样，放弃一切，导致生活理想不能实现。

原则包括很多种，我认为人生有三大必须履行的原则：首先是我们自己的做人原则，如：勤奋原则，节俭原则等等，我们为了人生目标的实现就要坚持这些原则；其次，就是处世原则，我们在与人交往的时候，要把握自己的原则，使对方不能越过雷池一步，否则要毫不留情地斥责；最后还有工作原则，工作原则就是自己的工作要保质保量地及时完成。

做人原则。我们每个人都是一个独立的个体，都有着自己所独立的特点和人生目标。我们在履行人生责任的过程中，要有自己的原则，勇于坚持自己，而不能人云亦云，随波逐流，自己在触到自己所不能容忍的底线时，要毫不犹豫地改正它。

工作原则。比方说，我们每天都可能规定了自己的计划，每天做出多少工作，就是自己的原则。为了它，我们应当毫不犹豫地放弃一些聚会。即使加班加点也要把它做完，因为这是我们的原则问题。否则，我们的计划就不会及时实现，即小目标实现不了，相应地，大目标更无从谈起了。大目标的实现前提是无数个小目标的实现，而小目标的实现是在我们认真的规划和行动中完成的。

作为一个官员也是这样，必须有一种公正无私的精神，履行自己为民作主的责任，对内对外一视同仁、大公无私。要以那种“衙门口朝南开，有礼无钱别进来”的贪腐官吏为耻，要做一个对公众负责的好官员，要做人民真正的公仆。

现在又是一个协作的时代，一个人即使有再强大的力量也不行，一个人如果想取得更大的成功就必须依靠别人的力量，想要依赖别人，就必须和别人进行合作。毕竟“独木不成林”，“一枝独秀不是春”。合作就会面临利益的分配。对待利益的分配，不要过分贪婪，合作就要双赢，虽然大家都会各取所需，双赢的前提是合作的几方要差不多就行了。只要不违反自己的底线就应该和对方合作成功。企业的合作机会一

定要珍惜，要担负成功合作的责任。

人要想有所成就，就必须对自己有所约束，怎么约束自己呢？那就是做人一定要坚持自己的原则，培养坚强的品格。坚持原则，就是不做有损自己原则的事。比如你和朋友一起娱乐的时候，如果你想到第二天还有自己的事要做，就不必为了所谓的哥们义气，通宵达旦地陪同。坚持原则就是你要坚持自己的个性。富贵不能淫，威武不能屈。

当然，并不是所有事情都坚持原则，对于一些不触动自己生活规律的事，就不要斤斤计较，人毕竟要大度一些才好。大度和原则之间要有一个度，我们当然不要为了所谓的大度，而对他人的不羁行为听之任之。

坚持原则可以使一个人更加成熟，有些事情应不应该计较，得看它对自己影响的程度大小。当然不是对任何事情都要大大咧咧。比如储蓄，一个人一个月的工资是5000块，他不可能一个月都把它花完，因为人生中还有很多事情在前面等着，结婚要花钱，生孩子、养孩子还要花钱，一个花钱无度、不知储蓄的人在生活中肯定是要吃苦头的。有些人特别欣赏那些“月光族”的生活，他们花钱如流水，他们那种潇洒，那种所谓的魅力是经不起时间考验的，他们捉襟见肘的时候，就应该想着自己为什么这个月不能节省一点。一个有事业心的人，他会想，我这个月没有储蓄，我的原始积累就要晚一个月，晚一个月的机会成本，这是多么大的损失呢？

我们必须对人生目标负责任，负责的前提是做事情要坚持自己的原则，才能不改初衷，即使遇到一些困境，我们也能挺直脊梁，渡过难关。只有那样，我们才能实现目标，感受到做人的成就感。

▲分外工作也能造就影响力

如果我们想要在事业上纵横驰骋，除了做好自己的本职工作之外，最好还要为老板分忧，做一些力所能及的额外工作。这样，我们就会在工作中不断地锻炼和充实自己，还可以使自己拥有更多的表现机会，让自己各方面的才华适时地表现出来，以便得到老板的认可。

我们在工作中，大多都会遇到老板给自己分配一些额外的工作，这时，我们的心里可能不悦，认为自己应该是做大事的人，如此小事应该交给其他的人去做。甚至还有的人认为，当老板给自己分配额外工作的时候，会认为老板不重视自己，心里有一定的抵触情绪。

俗话说，一屋不扫何以扫天下。越是自己认为不屑一做的事情，里面越可能埋藏较大的可做价值，这也是自己气量的体现，一个勇于背负公司重担而又做一些额外工作无怨无悔的员工，一定会得到老板的器重和赏识，老板也一定会为有能替自己分忧解难的员工而感到高兴，因为这是员工必不可少的敬业精神和对团体的一种责任感。

当一些分外的工作落在自己头上的时候，有的人能够大度地意识到，这是上司给自己的机会，做好了还会获得一定的名声，可能将对以后的发展起到很重要的作用。有的人也相信，分外的工作是自己一次学习新业务的机遇，多一项技能，多熟悉一种业务，总不会有坏处，而且最重要的是可以培养自己的顾全大局的责任感。或许你做了它，老板会对你另眼相看，即使做不好，老板也会以为你业务不熟而对你大为宽待。

我们可以不必像老板那样忙碌，但我们适时适当地做一些额外工作，可以培养我们的责任感，会得到意想不到的锻炼。

上一章《爱心让你更成功》一节中，卡罗斯·古铁雷斯除了做自己的本职工作以外，每天还尽可能地做一些顺手帮助别人的善事，像替店主把信捎到外地去，让上学的孩子顺路搭他的便车等等，这些对他的收获很大，他最后被提名为总统的商业部长。他认为自己之所以有今天，是自己做一些额外的善事的结果。

在经济高速发展的现在，我们不要对利益太过计较，一个只想着利益的人，人们就会对他的工作的敬业精神产生怀疑，特别是一些分外工作到了眼前的时候，如果你心里就嘀咕开了，做这些烦人的工作，会不会给我增加工资呀？如果这样想就说明自己对企业的责任心不够，甚至说不能担当重任。所以，当一份分外的工作摆到你面前的时候，你一定要爽快地把它接受下来，而且还要为此庆幸才是，不管它看起来有多么低级，这并不能降低我们的身份，恰恰相反，说不定这额外的工作是自己走上成功的契机和开始，特别是对那些刚刚进入职场的人来说，更是这样。

其实，我们没有必要把自己的工作职责划分得过于清晰，在正当工作休息的间隙，我们也可以做一下自己力所能及的闲杂事务，既可以调节一下自己的生活，同时，自己又有了解新的业务流程的机会。这样，对自己的工作又是一个促进，重要的是很可能会赢得上司的好感。

大家都知道：一分耕耘，一分收获。做那些额外的工作也是这样，而不必只想我这样付出了，会得到什么报酬吗？很多时候，你不可能要求绝对的公正和公平，你的额外投入可能暂时得不到回报，但如果你坚持不辍的话，回报就会在你不知不觉中出现了。一些分外工作，既是对你的精神考验，同时又是对你的能力考验。所以，我们何不乐意接受下来呢？自己不妨来让它充实我们的生活，保持我们奋斗的精力，让自己拥有更多展现自己的舞台。

如果一个人能够留意一下自己额外的工作，留意一些额外的责任，会让人做出一些令人难以意料的成绩来。

很多人以为，一个人只要自己忠诚可靠、尽职尽责地完成组织分配给自己的任务就算万事大吉了，其实，这只能说明你尽到了自己的职责而已，如果自己想做一番大的事业的话，这做得还很不够。我们做的额外工作越多越好，如果什么事都要自己做的话，我们就和老板做得一样了，我们就是要怀着这种老板的心态去工作才好，因为如果你要想和老板一样成功，就必须像老板一样做得更多更好，而不必在乎报酬多少。

著名企业家彭尼说："除非你在工作中超过一般人的平均水平，否则你便不具备在高层工作的能力。"如果你不掌握全局，只对属于你的那份自留地发挥施展自己的话，你就不会对其他的领域了解，不了解，就不可能，甚至是没有资格做这方面的高管。

如果你想有一番作为，除了做好自己的本职工作之外，还一定要做一些其他不同的事情来培养和锻炼自己的能力。时间久了，你会成为同事们所瞩目的对象。因为，当你在工作中比他人做得更好、更彻底时，你就会发现自己在上司或老板心目中的位置越来越重要，一旦公司出现了空缺的职位时，你就会首先被提拔上来。更重要的是，这样做，你会赢得同事们的尊重，会有越来越多的同事愿和你风雨同舟，当然，你的能力也会在不知不觉中得到提高。

在我们的周围，可能有很多人，只注重自己的分内工作，将分内分外的工作，好像用一刀切过似的，界限十分分明，如果自己哪怕多做一点，心里也是一百个不愿意。如果你这样自我设限的话，那就为自己工作能力的发展树立了一个很大的不可逾越的障碍，当然，别的业务领域你也不可逾越，你只能精通某一些工作，你不可能以管理者的角度来统揽全局。在一般情况下，一些分外的工作尽管在你没有被告知要对它负责，你也应该尽力地做好，即使办砸了，也要勇于承认错误，那么，你就是一个成熟的人，好的职位和报酬也会在你的前面等着你。

所以，对于自己来说，无论是分内的工作，还是分外的工作，都要尽力把它做好，最好能做得比老板的期望多一点、好一点。当老板不在身边的时候，也要尽力地做好工作，对于一些事故，你敢于为自己的行动承担责任，这样，你这杆旗帜就显得格外扎眼和引人注目，从而会给自己创造更多的人生机会。

▲责任心影响上司

一个有工作责任心的人，对企业也一定有着强烈的主人翁的责任感。在他的眼里，企业是他实现人生理想的地方。他的认真，他的无私付出都是基于心中的责任感。人只要付出，总会有回报。他的所作所为，一定会引起上司的注意。升职加薪的事才能轮到他的头上。

一位伟人曾说过：“人生所有的履历都必须排在勇于负责的精神之后。”古往今来，人们都永远怀念那些对人类、对国家有责任的人生勇士。是他们以主人翁的责任感，帮助大家克服或改善了生活的方式，促进了生产力和社会的进步。

一个有责任感的员工，哪怕是一个普通的员工，一旦有了勇于负责的精神，他就会想方设法地走到底。这时，他的聪明才智就会得到淋漓尽致的施展。从而为企业和社会创造出更大的经济和社会效益。当然他本人的人生也在向前不断发展。

在以前，笔者曾经看到一个故事：在一家很有名的大公司里，有一个打字员总要比其他同事吃饭吃得晚一些，因为她知道，吃饭间隙仍会有不少客户打来电话。一天中午，同事们像往常一样都去用餐了，公司只有她一个留在办公室收拾文件。突然，公司的一个高管急匆匆地进入了她的办公室，说要找一些信件。她虽然不认识他，而且这也不是她分内的工作，但是她这样回答他：“对您需要的信件，我虽然不知道在哪儿，但我尽快帮您找到它，并会把它送到您的办公室。”

几分钟后，当公司那个董事看到自己办公桌上放着所急需的信件时，他格外高兴。

几个星期后，公司出现一个高级秘书职位的空缺，那个职位是很多女孩所羡慕追求的。在公司的人事会议上，那位董事推荐了那个打字员。董事的建议获得了人事管理人员的一致同意。结果使那位打字员的职位和薪水提高了很多。

具有主人翁的责任感，使一位打字员得到提升。她理想的实现只发生在一天中午的偶然事件上，看似偶然，其实不偶然，是这位普通的打字员对公司一贯的责任心引起了上司关注的结果。

一个公正无私的管理人员对于那些积极上进的员工肯定会另眼看待的。他会把这些人看成是企业的中坚，企业发展的中流砥柱。

现在企业的员工为什么会流动加速？这既有企业的责任，也有员工的责任。有的人经常抱怨企业太黑，没有人性化，工资太低，劳动强度太强。而从不去以老板的角度看待问题，从不说自己的问题：他们认为用公司的电话聊长途，用公司电脑办自己的私事等等，这些都是具有人性化的体现。要问他们的初衷时，他们以此辩称：不用白不用，人无外财不富，马无夜草不肥嘛！

其实，当今一些老板的压力是挺大的，不仅支付各方面的开销还有同行的竞争，业务要是做不好的话，到手的业务可能又会被同行抢去。老板都希望业务来一个，做成一个。这就需要员工的踏实做事，有一种很强的责任感。其实，上司们对于自己的员工都是有数的，哪些是干事的人，哪些不是干事的人；哪些人该升，哪些人该降，哪些人该下，他们都是有数的。如果你依旧我行我素、一直执迷不悟的话，不好的结果可能就要降临到你的头上。反之，如果你是一个工作努力、富有责任感的员工，升职加薪的事情早晚会落在你的头上。

现在仍有很多人找不到自己的工作，甚至到了而立之年，还一无所成。这其中很大一部分并不是他们找不到，也不是没有能力，相反，他们很多都是有能力，甚至是能力很强的人。但是他们有一个通病，那就是浮躁，急于求成。他们向往那些大款们的一夜暴富，向往那些白领们的高收入，又自由自在。他们总是在自己干出一分之后，便想得到十分，一旦难以如愿，不平衡就占据了他们的全部心灵。于是工作更加敷衍了事，不负责任。

生活不会亏待任何一个人。你只有转变自己的思想，多一些社会的责任感才会升迁，多些企业的责任感才会升迁。培养我们勇于负责的意识，投身到切切实实的工作中去，你的作为就会被上司注意了。

▲不找借口才出色

一些人遇到阻力或困难时，总爱找一些借口来搪塞或开脱自己，以使自己得到暂时的解脱。这其实是一种逃避。逃避的结果是不能解决任何问题，而且还会错失应得的机会，离成功只能是越来越远。所以，我们只有不找借口，才能促使我们去不断探寻成功的奥秘，一直到成功为止。

巴顿将军的战争回忆录《我所知道的战争》上，我看到过这样一个细节：巴顿将军每当在提拔人才时，他会让所有入围的人选站在一起，然后给他们出一个要他们解决的问题。有一次巴顿让他们在仓库后面挖一条8英尺长、3英尺宽和6英寸深的战壕，然后自己到一个有窗户的地方观察他们。

休息时，他们议论巴顿将军为什么让他们去挖这么浅的战壕，有的人说6英寸深的战壕连火炮掩体都很困难。还有的人说，这样的战壕有时太热，有时太冷。如果候选的是军官，他们则会埋怨自己不应该做这样的体力劳动。这时有个伙计对别人劝说：我们还是把战壕挖完吧。不论那个老家伙用它来做什么，我们只要挖好战壕就算完成任务了。

巴顿将军往后写道："对别人劝说的那个伙计得到了提升。我要的就是那些不找任何借口而完成使命的人。"

公司分配给你的任何一个工作或任务，都有它的意义，你只有没有任何借口地去完成。因为任何一个上司都有着自己的工作计划，他们都会喜欢一个不找借口去完成工作的人，以便快速地完成整个工作计划。一个员工的这种品质一旦被上司发现的时候，他一有机会便会得到提升。没有任何借口，看似苛刻严酷，但它可以激发一个人心中的潜力。使你的人生更出色。

如果工作或生活中的事情没有完成的话，有一些人就寻找一些借口来推脱，这是对自己不负责任的表现，一个富有责任感的人绝不会绕着困难走，绕着困难走的人，到处都是困难，带给他的只是原地踏步，成功和他永远无缘。

那些古往今来的成功人物，没有哪一个说没有完成一件事情就找理由为自己开脱责任的。他们无不是克服了一个个险关，才迎来了辉煌的成果。再冠冕堂皇的借口也无法打动成功的门槛，它带给人的只能是遗憾，甚至是一种不敢直面的懦弱。那些经常为自己的失误或失败找借口的人绝不会有大的成功，因为他们对这个事找了借口，对那个事也会找借口，以后会对所有的事都去找借口，甚至到最后，他们会骂老天爷的不公，久而久之，养成了寻找借口的习惯。这样，在他面前，所有的事情都有没有完成它的借口，而自己永远不会有出头之日。最终的结果会被社会、被市场所淘汰。所以，要想自己获得出色的人生，就必须在做事情的过程中，勤奋加努力，遇到困境不要绕着走，要想尽一切办法解决克服。

在我们的日常生活中，总会发现一些人在为自己找着借口。上班迟到了，他会说：“今天又堵车了”或者“闹钟坏了”或者“半路车胎坏了”……作为成人的我们，总能为自己找到合情合理的借口，但这样做的结果对自己永远是姑息和宽容。有很多人会把这些看成一种偶然的合理情况。他们在说这些谎言的时候，还能做到脸不红，心不跳。就这样，他们一直哄着上司，也哄着自己。借口还占用他们大量的宝贵时间和精力，对于这样一些撒谎成性的人，生活会带给他的是一种没有成果的结果。用这种态度对待生活的人怎么能有出色的人生呢？

一个对生活充满追求的人绝不会为自己的不成功寻找借口，他们为了追求会努力向前，会千方百计地去争取成功。踏实和不屈不挠的意志是他们品质的化身。他们忠厚执著的品质，从不会把责任和过错转移到他人身上。

第六章 勤奋是影响力增长的基础

人不管做什么，如果离开了勤奋，一切都无从谈起，也就永远不会成功。因为天上不会掉下馅饼。只有勤奋才能使你成功，才能成就你的影响力。

▲贵在行动

任何一项事业的成功都离不开行动去实现，不管你的目标和蓝图是多么远大和美妙，唯独注入行动，才能摘到丰硕的果实，才能成就你的影响力。

人生宏业的实现，首先要确定正确的目标，然后是坚韧不拔地去行动。人生的路无论它有多么长，也不管它有多么短，也无论它有多么曲折，你必须脚踏实地地朝正确方向往前走才行。并要一步步走完全程，你才能成功。

如果说有好的想法是走向成功的一半，有正确想法才能够有成大业的可能。但人生成功的最佳的目标不是最宏大的那个，而是最有可能实现的那一个。当然我们拥有新的想法和新的打算，可以使我们的精神生活更加充实。我们也希望在每一个人心里多萌发几颗“目标”的种子，去发现更多的人生可能。人向往美好的事物是很好的，但重要的是要去实现。如果你只始于心动，垂涎于目标的成果，不如自己去行动，你行动得越快，你的成就也就越大，相应地．影响力也就越大。一些人总向往别人的生活，总羡慕人家的拥有，而自己却不去行动。到头来，失望透顶的还是你自己。相反，如果你对目标脚踏实地地做了，以客观和实事求是的态度，认真地去执行了，坚守自己的目标不动摇，才有可能获得成功。一分耕耘，一分收获。只要你去做了，生活一定不会亏待一个为它付出劳动的人。

一次，一个穿着寒酸的小男孩来到一个繁忙的大楼建筑工地，他看见一个叼着烟斗、派头十足的老板在指挥他的工人。心生羡慕，便鼓起勇气问老板："我以后怎么样才能像你这样富有？"

老板停下手头的工作，愣了一会，给这个小男孩讲了一个故事。他说：

"在深圳，某电子厂有三个工人在一道工序上工作，一次工作的间隙，甲说：'我将来一定要自己做老板。'乙说：'这个臭地方，又脏又累，早出晚归不说，还挣不了几个钱。'丙听了他们的话，什么也没有说，他用空余时间检修着机器，思索着从哪里着手。

一晃几年过去了，甲在工作的间隙仍旧说着：'我自己以后要当老板……'乙则找了一个借口退休了。至于丙，他成了那家公司的大老板，而且，还把公司管理得井井有条，业务蒸蒸日上。"

老板说完，问小男孩："你听明白我讲的故事了吗？小家伙，无论做什么都要好好干，只有干事的人才能当上大老板。"

小男孩满脸疑惑，惊奇地望着老板。这时，老板用手指着那些正在架子上干活的工人说："你看到他们了吗？他们全是我的工人，有的我还记不住他们的名字，甚至有的根本就没有印象。在他们之中，有一个晒得红红的家伙，就是穿着红色衣服的那个人，他以后肯定会出人头地。"老板接着说："我很早就注意到了他，他干活总是比别人卖力，每天他都是第一个来到工地上班，下班也是最后一个走。加上他穿得格外醒目的红衬衫，使得他特别出众。我现在就去找他，请他当我的副手。”……

大老板之所以成为大老板，因为他意识到成功只能在行动中产生。机遇不留给那些只会说大话而不去努力工作的人。一个人要想出人头地，除了有自己的目标努力工作之外，没有任何捷径可走，你只有扎扎实实地付出了全力，做你想要做的事情，最后的成功会自然地出现在你面前。

任何成果都属于那些立即行动的人，因为唯有行动才使你的所思、所想有了意义，有了实现的可能。离开了行动，再美好的蓝图也只是空中楼阁而已。

▲成功在于积累

俗话说：冰冻三尺非一日之寒。成功也是这样，它其实没有什么秘诀，也没有什么可走的捷径，它只是持久努力奋斗的结果而已。只要你坚持不懈地从点滴做起，就一定会到达成功的彼岸。

成功对于我们每个人来说，都是渴求的，尽管成功的标准和要求不一样，但要到达成功就必须付出努力。我国著名数学家华罗庚曾说：天才在于勤奋，聪明在于积累。中华民族五千多年的雄厚历史，积淀出多少优秀人物和辉煌成果，推动着社会一步步走向新的胜利，其中起着最关键作用的是那些杰出人物提出的方法，并以劳动人民付出的实践得到的。

现在我们提倡的是提高素质，素质的提高绝不是一朝一夕的事情，技术和涵养的精深来源于一点一滴的积累，来源于一点一滴的修炼。就好比寺院中的高僧，禅学的精度不仅仅是来自于多高的悟性，最重要的还是长年累月的参禅修炼，这样才能从众僧中脱颖而出。我们做任何事情，都需要积累，只要积累到一定程度，才能到达成功的火候。

世界上的每一个人生下来都是一个懵懂无知的婴儿，这时的我们都是站在同一起跑线上，我们以后获得的所有成长和进步，都是在自己的积累中进行，要想成为幸运的宠儿必须要付出自己点滴的努力和辛苦，这一关是对人最大的考验。只有那些拼搏不止、积累到极致的人才有可

能成为叱咤风云的人物，他们对我们庞大的人类社会来说，虽然只不过是凤毛麟角，但他们是我们人类社会的领跑者。

我国古人在这方面早就有着崇高的智慧和见解了，古代思想家荀子在《劝学》中这样说：积土成山，风雨兴焉；积水成渊，蛟龙生焉；积善成德，而神明自得，圣心备焉。故不积跬步，无以至千里；不积细流，无以成江海。骐骥一跃，不能十步；驽马十驾，功在不舍。锲而舍之，朽木不折；锲而不舍，金石可镂。意思是说，土积累到一定程度，可以形成高山，风雨就在此兴起；水积得多了，蛟龙就在那里成长；人们行善事多了，可以养成良好的德性，就能达到很高的思想境界，就会具有圣人的智慧了。因此，如果路不一步步地走，就不会到达千里之外；不汇集细流，大江大海就无从谈起。骏马跳跃一次，不可能距离太长，但即使劣马拉车走上十天，也能走出很远的路程，它的成功之处在于点滴的积累。有如雕刻木头，如果心态浮躁的话，雕刻一下就放下，即使腐朽的木头也不能刻断；反之，金石也能雕刻成功。

所以成就的取得不是靠侥幸才有的，也不是到了将来你到了别人的那个年龄就像别人一样成功了，除非付出你的努力，持续地积累才成“正果”。

于用勤奋将天赋变为天才。现在大多数的人都认为：流自己的汗，吃自己的饭，靠人靠天靠祖宗，不算是好汉。很多人都以此作为自己的座右铭。

▲天才就是努力加勤奋

我们每个人都向往天才，羡慕他们取得的成就。其实不必这样，我们之所以不能成为天才，是因为还没有找到自己最确切的目标，另外，还说明我们下工夫的火候欠佳。古往今来，哪一个天才人物不是经过持之以恒的劳动才换来的呢？

苏联作家高尔基说过：“天才就是劳动，人的天赋就像火花，它既可以熄灭，也可以旺盛地燃烧起来，它成为熊熊烈火的方法只有一个，那就是劳动。”所以，坚持不懈的劳动可以成就一个天才，它虽然是一件苦差事，但却是成功的必经之路，正所谓：不经历风雨，怎能看到彩虹？

人们都想成为天才，都想有一番作为的理想是可贵的，但如果不想流汗，只想轻松地去摘取劳动果实的话，这是不现实的，无异于天方夜谭。一个人如果能够以忘我的精神，勤恳地去做事业，就要以勤奋不断地鞭策自己，与自己的惰性彻底地拜拜。

我国古人对此很早就有深刻的体会，说什么“吃得苦中苦，方为人上人”“天上不会掉下馅饼”等等。

曹雪芹为了写巨著红楼梦，付出了十年的光阴。为此，他注入了很多心血，正如他所言：“字字看来皆是血，十年辛苦不寻常。”这也算是他对后世一个最郑重的交待，红楼梦对文学的影响是深远而无可替代的，很多文学青年对曹雪芹也是崇拜之至。

法国天才作家福楼拜曾经住在一个靠近法国塞纳河畔的别墅里，在那里，福楼拜常常是通宵达旦地奋笔疾书，书桌上的那盏灯彻夜不熄，很多打鱼的渔民都把他书桌上的那盏灯当做“灯塔”。很多渔民船长说：“在这段航线上，要想不迷失方向，就可以福楼拜先生的灯光为目标。”正是福楼拜这种勤奋写作的精神，使他成为闻名于世的作家，其很多作品对后人产生了极大影响。

伟大的革命导师马克思，为了写作《资本论》花了40多年的时间，仔细钻研过的书籍竟有1000多种。在写作的过程中，他几乎每天都要跑到图书馆去查阅大量的详细资料，他晚上经常工作到深夜。天长日久，把图书馆的地板都踏出一条沟印。经过勤奋地学习和研究，最后终于完成了具有重要影响的巨著《资本论》。

卡莱尔说：“天才就是无止境的、刻苦勤奋的能力。”我们都听过“闻鸡起舞”的故事，说的是祖逖小的时候是一个勤奋习剑的少年，半夜里一听到鸡叫，就赶快起来，习武练剑。年复一年，从没间断。终于，他的勤奋刻苦换来回报：他有了统兵打仗的本领，后来被封为将军。

我国著名数学家华罗庚说：“难？最怕刻苦与强顽，年继年，战果数不完。”很多被认为是天才的科学家在身居恶劣的成长环境中，靠的就是不断地打拼、奋斗才取得了令世人瞩目的成就。

人不妨写下一个“勤”字，印在你的脑子里，写进你的日记中，捂在你的心坎上，落实在你的行动中，让懒惰远离自己，让勤奋永远伴随我们。在此再重复一下爱迪生的话：天才是1%的天赋再加上99%的汗水。那就让我们以勤奋为帆，去乘风破浪前进吧！

▲埋头苦干

一个人如果想成就自己的事业，留下自己影响的足迹，在确定目标的前提下，就一定要稳扎稳打，埋头苦干。

现在这个物欲横流的社会环境下，人们似乎比以往变得更加浮躁，做事情总不如以前脚踏实地，往往是把利益和回报放在第一位，从而忽视了埋头苦干的良好品质，很多人甚至认为埋头苦干得不到任何实际的利益，埋头苦干的人是傻瓜一个。

其实，我们的社会少不了埋头苦干的人，特别是人类科技的发展，需要你全副精力披挂上阵，而来不得半点的三心二意。即使是那些具有很大成就的科学家，成名以后，他们把名利看得很淡，勤奋不辍地投入到科学的研究之中，才能登上科学的峰巅。所以，埋头苦干的人应当受到鼓励和重视，甚至奖励和重用。特别是在一个组织或团体之中更是这样，应该让那些踏实做事的人受到尊敬和奖励。我们应以那些没有实际贡献、只会耍嘴皮子的人为耻，组织或团体上下形成一种积极上进的气氛，从而推动组织或团体的发展。

鲁迅先生在书中说过：“我们自古以来，就有埋头苦干的人，有拼命硬干的人，有为民请命的人，有舍身求法的人……这就是中国的脊梁。”鲁迅先生的意思是，社会的发展和民族的进步少不了埋头苦干的精神，社会的进步应该归功于他们，他们才是社会的栋梁。

只要我们善于观察，在那些脚踏实地、埋头苦干的人身上都能发现一种宝贵的品质，他们执著于目标，不辞劳苦，具有一种老黄牛奉献的精神。他们绝不见异思迁，这山望着那山高。有实力、爱岗敬业是他们的特征。他们可能听不到别人的掌声，但他们从不说空话，他们默默耕耘奉献，并能够坚持不懈，一往无前。他们的甜蜜和亮点在工作的汗水里，在实实在在的丰厚成果里。

当然埋头苦干也不是那种低头不看天，而是向着自己的目标持之以恒地一干到底。一个人如果要想有所成就的话，就必须踏踏实实，埋头苦干地做事。否则，火候欠佳者难以脱颖而出。由此可知，埋头苦干者并不吃亏，而是一种耐得云开雾散的大智慧。

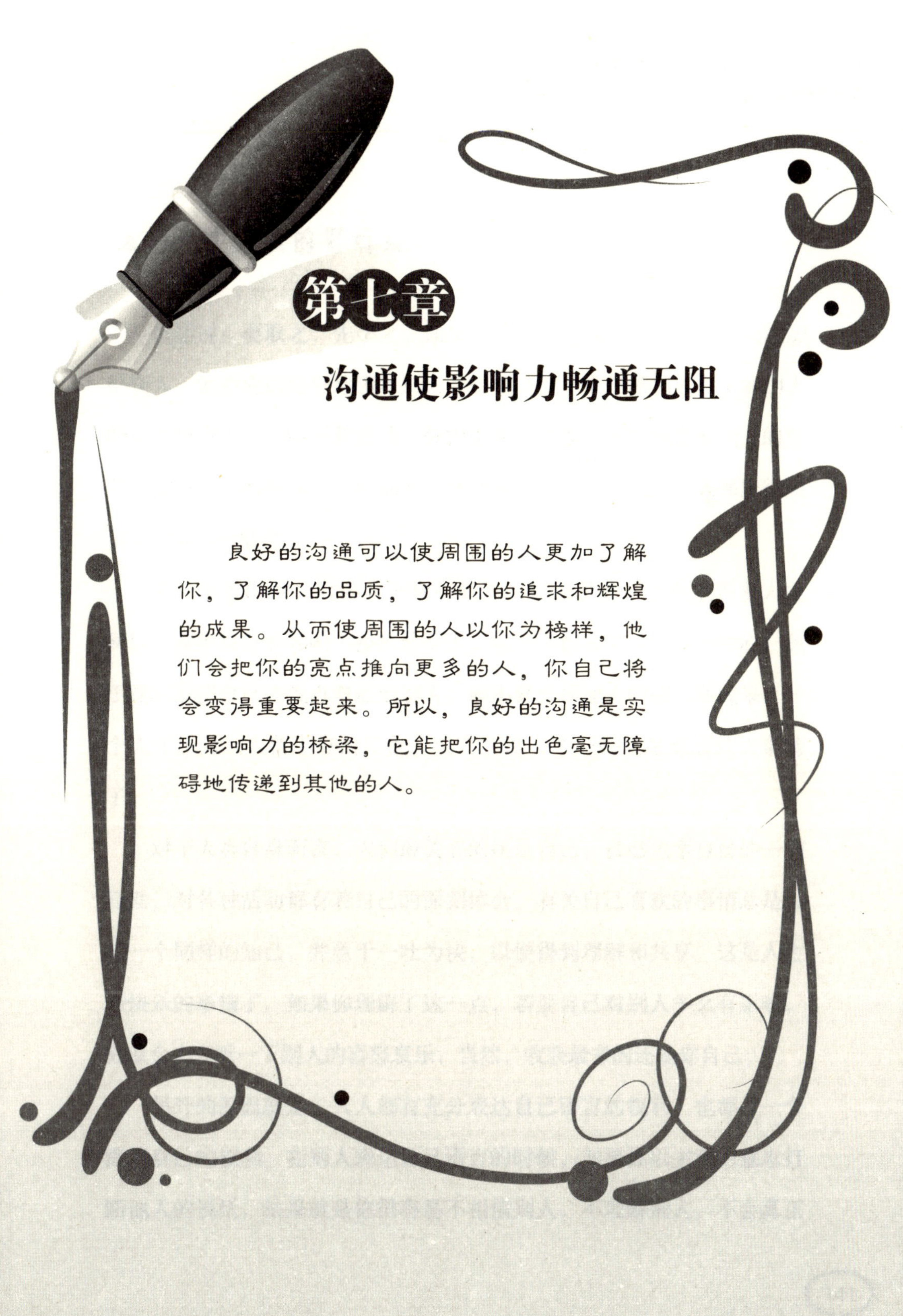

第七章

沟通使影响力畅通无阻

良好的沟通可以使周围的人更加了解你，了解你的品质，了解你的追求和辉煌的成果。从而使周围的人以你为榜样，他们会把你的亮点推向更多的人，你自己将会变得重要起来。所以，良好的沟通是实现影响力的桥梁，它能把你的出色毫无障碍地传递到其他的人。

理解别人所要表达的观点和意图，甚至双方会造成很深的隔膜和误会。

唐代皇帝李世民在这方面做得就不错。他善于纳谏，对不同的政见也能虚心听取。当然，皇帝也不是完人，那个被他称为“乡巴佬”的魏征，屡次冒犯他的龙颜，一时的发怒，竟使李世民动了要杀他的念头。在一番冷静思考之后，总能接受他的主张。这使他成为我国历史上少有的明君之一，而且还把唐朝推向一个被世世代代的人们所公认、所瞩目的盛世。

那些目空一切、自以为是的人遇事总会第一个想到自己，他们认为自己才是永远的主角，所以他只关心自己，只注重自己的言行，当然他想到的也只有自己。试想一下，一个只想到自己的人是不可理喻的无知。他既是一个自私的人，也是一个永远只知其一而不知其二的人。

当别人在谈话的时候，自己首先要做一个耐心的听众，即使你意识到别人的错误，自己有不同的见解，你也要等他把话讲完。只有你对别人的谈话赋予理解和同情，才能获得别人的理解和同情。

著名成人教育学家卡耐基认为，如果你要想成为一个善于有效谈话的人，你首先要做一个注意倾听别人讲话的人。因为要使他人对你的事情感兴趣，那么就得先对他人产生兴趣。多鼓励别人谈一下自己，以及他的成就。因为他自己对他的关注要比对你的问题感兴趣多得多。

很多人认为，倾听是一种美德，是一种生活的艺术，哪怕谈话者词不达意，或带有虚假渲染的成分，你也要试着把他的话听完。让对方把他的荣耀、委屈、愤怒和不满宣泄完，对他又何尝不是一种安慰。对于一个善于沟通的人来说，他首先应该是一个好听众。

怎样才能做一个好听众呢？下面的方法可让你有一定收获。

1. 平静的心态

当别人在滔滔不绝谈话的时候，即使是蹩脚、逆耳的话也要静下心来，倾听完毕，以便了解谈话者真实的想法。当你听别人说话的时候，你要给别人一个表达的机会。慷慨激昂也好，心里不平也好，你都要耐心地把话听完。

2. 善于鼓励对方

现在，我们有很多人说话总会顾忌到什么，心里一旦有了顾忌，他要表达的语言肯定要曲折委婉一些。说的话不是那么太直白，心里的感觉就要模糊。遇到这种情况的时候，你要对谈话者发出一些鼓励，比如，让他放下心里的包袱，清楚地表达自己的意思。特别是一些领导者，当他听到一些员工支支吾吾的语言后，心里十分不耐烦，打断甚至拒绝倾听别人的建议，从而使自己失去了了解企业的忠厚良言。

3. 分析关键词

当别人说话含虚时，你要注意倾听关键的字句所要表达的意思。彻底弄清对方的话的弦外之音。

4. 让对方重新再说一遍

当别人的话意埋伏得很深时，你没有听懂其中的含义，你不妨让对方再说一遍。以便弄清谈话者的真实思想，自己也好对症下药。

5. 假使对方是对的

我们倾听别人说话时，不妨认为对方说的话是对的，然后静下心来，按照对方的观点分析问题，找出对方观点分析的精华和不足。

▲让对方感觉自己很重要

人人都希望有自己的成就感，都希望自己是一个受众人重视的不凡人物。当我们意识到这一点时，就会希望自己以完美的形象展示给别人，比如踏实肯干、守信用和美丽动人等等。从而使对方变得积极而又有利于自己。

大家都知道，一个人要想让别人尊重自己，自己首先要尊重别人。让别人感觉到自己处于很重要的位置。当我们尊重别人的时候，别人就会有一种成就感，这使他变得积极主动起来，他会尽可能地保持他在你心中的重要形象，就会主动关注你所要求的事情。所以受重视可以使别人产生动力。

我们都乐意和尊重我们的人在一起处事，对于他们交待我们要做的事情，我们总会想方设法地办到。这是因为，成就感驱使着我们去做。

杜威曾说过："人们最迫切的愿望，就是希望自己能受到重视。"我们在做人处世的过程中，不妨放低自己的姿态，做一个心理上的配角，让对方感觉受到重视。这样的好处是别人会放松警戒，让他对你有一个好感。

有一位成功的经纪人，早在他还是一个青年的时候，就已经取得了很丰厚的保险业绩，并得了同业人士的公认，觉得他是一个了不起的保险经纪人。有一次，他应邀出席了一次全国高级保险经纪人的营销会议。

在这次全国性的业内营销会议上，里面几乎个个都是行业内的领军人物。他在会议上遇到一位比他资历更深，业绩更出色的保险经纪人，他的事业充满着传奇，又比他大30岁，一直受到所有经纪人的尊敬，他简直就是这一行业的权威，会议中他的一句插话，都会激起同行们的高度注意。

在轮到他作发言的时候，发现那位比他年长30岁的老者，一边认真地聆听，一边记着他讲出的话题，表情是那么认真和专注。区区一件看似不起眼的小事，令这位高级保险经纪人备受鼓舞，让他感觉到了自己的不凡和重要，也使他真正感觉到了自己的价值。

也是在那一天起，那位比他年长30岁的老者成了他的师长，在他的心中，他就是一位神奇而又让人充满敬意的英雄。

现代的社会中，虽然讲究的是崇尚个性，但如果你的个性有点盛气凌人、咄咄逼人时，别人就会在他的心中加上一道防范的无形围墙。即使你真有过人的能耐，而你挫伤别人让自己有一种感觉自己很重要的成就感，这在心理上，你已经伤了他们。

正如著名心理学家约翰·杜威所说："人类本质里最深远的驱动力就是希望具有重要性。"

我国古代的一些思想家其实在这方面也有自己的见解，说什么"你希望别人怎么样对待你，你就要怎么样去对待别人"。因此孔丘要求他的学生这样做，要求当政者对他的臣民施仁政。我们应当觉得别人也和自己一样出色和重要，如果我们抱着这样的心态和别人相处，我们何愁没有友谊，何愁不成功。

▲对别人表示深切的同情

如果我们能够与别人产生共鸣，那么我们一定会获得更多的友谊和支持。投之以桃，报之以李。特别是对于身陷在逆境中的那些人而言，如果适时地给予他们一些同情，这种温馨和关爱无异于是雪中送炭，使疲惫的心灵得到滋润和安慰，给他们以信心和力量。他们会从心底感激你的，这样，你和他们的合作也就顺理成章了。

对别人表示同情是人类特有的一种美德，是一种对弱者的深刻理解，也是搞好人际关系的最重要因素之一。让我们来看看，一个没有同情心的人一定是一个冷漠自私的人，人们遇到困境和不幸是人生中难免的，但如果生活在一个没有温暖的世界，一个没有爱的世界里，那么它又会埋葬多少不幸的人啊。

我们人类应该从小培养对别人的同情心，使孩子从小受到这方面的教育，在潜移默化中改变自己，使自己富有正义和人性，使整个世界处于一个爱的氛围中。

培根说："同情是一切内在的道德和尊严中为最高的美德。"具有同情心的人不分贫贱，俗话说，帮人一把胜造七级浮屠。不幸中的人们都需要慰藉，都需要温暖，即使你是一个乞丐，也要有自己的同情心，光若烛光也会给人以希望的慰藉。

在这方面，西伯利亚一个小镇的居民做得再好不过了。18世纪，在那个生存恶劣的寒冷的冰天雪地里，这个小镇朴实的居民常常把酸奶、面包和衣服这样的物资放在窗台上，以供那些流亡逃跑的十二月党人食用。这些著名的十二月党人正是靠着小镇居民的这种同情接济，才逃出了这个异常寒冷之地。他们的同情，他们的善举至今还滋润着人们的心灵。

即使那些正常的人们也希望自己在一个幽雅的独处中宣泄一番自己的情感。对别人的坎坷给以同情、鼓励，为别人照亮一抹光亮的同时，也照亮了自己。从而我们的前程中又多了一个可能携手前进的人，我们何乐而不为呢？

所以，同情心对于人们来说，是那么容易让人变得感动，写到这里，我不禁想起十几年前的自己，我浑身充满着激情，做事风驰电掣而又那么忠实，当然或许也有自己的一些稚气，就像现在那些刚出校门的大学生有对生活迷茫的时候，也有对生活满怀希望的时候，但生活带给自己的坎坎坷坷似乎有一丝的心痛。那时的我多么渴望一个能同情自己和自己一同前进的向导啊！如果真要是那样的话，则是对自己的莫大福分，自己则会从心底感激他一辈子的。虽然自己坎坎坷坷地一路走到今天，成熟的自己有了一丝不悔和安慰。看着现在刚踏入工作岗位的人们又想起从前的自己，于是，就有了一种同情别人的心结，争取让后来的人能够一步到位，少走自己曾经走过的弯路。

同情会使人的印象迅速变得无比崇高。人人都会愿意为富有同情的人做出牺牲，哪怕是冒着杀头的危险。特别是对那些勇于坚持真理的人，更是这样。

当然，对于那些顽固不化、心如蛇蝎的卑劣之人则不必可怜，比如一些狂热的极端人士，他们处处与人民为敌，那些人有如一条条毒蛇一样，在它冻僵的时候，我们不必像那善良的农夫一样，去施以同情的温暖。蛇就是蛇，它害人的本性不会泯灭，我们唯一能做的就是应该快速远离，哪怕它装得多么的惹人怜爱，也不要动恻隐之心。否则，最后受到伤害的一定是自己。因为这些蛇，它心里早就种下了仇恨的种子，你的同情在它的心里面表现的是冷酷无情和恩将仇报，最后吃苦头的一定是自己。

自己如果有选择性地对一些值得同情的人，并真心地帮助他们，我们的人生一定会处处充满欢爱，这样，也一定会增加自己的影响力和凝聚力。

▲表示真诚的赞赏

每个人都有自己好的一面，一个自卑的人如此，一个懒惰的人也如此……如果你能慧眼识才的话，找出他们身上的亮点，表现出自己的真诚赞赏，往往会使一个不起眼的人，甚至一个对生活绝望的人获得新生。同时，自己收获的是友谊和影响力。

在学校里的时候，我们常常听到老师表扬学生，有时老师的一个善意的眼神、真诚的举动都会给学生带来莫大的安慰和鼓舞，从而使他们的潜力得到淋漓尽致的发挥。相反地，一个教育工作者如果觉得学生太散慢调皮，而因此常常体罚学生，只会使师生之间的积怨加深，而赞赏就不一样了。

对于我们每个人来说，缺点可能找出一沓，但也总能找到一些可以称赞的事情，哪怕一点微不足道的小火星，如果你会表示对别人真诚地予以赞赏，你将得到莫大的信任。

著名成功大师卡耐基在这方面就做得很好，一次，他去纽约33号街的一家邮局寄一封挂号信。到了邮局，发现里面的人很多，他只好排队等待。卡耐基发现有个邮务员，显得没精打采，而她的工作也仅是称信的重量，递邮票，找零钱，分发收据之类，她一直重复这样简单而单调乏味的工作。

这时，卡耐基心里想：他一定要改变那位邮务员，他要让她喜欢自己，他想自己一定可以通过说一些关于她的好话来达到目的。这个念头一直在卡耐基先生的脑中萦绕着：她有什么地方是出色的，有什么地方可以称赞的？

想了很久，卡耐基先生终于有了自己的一个发现。

当轮到卡耐基寄信的时候，她照样毫无神色地称信，这时卡耐基说，他真希望也有像邮务员那样的一头好头发。仅此一句话，让那位邮务员惊讶地抬起了头，毫无神色的脸上马上变换了一副笑意，说她的头发没有原来那么好了。卡耐基先生则中肯地对她说，或许没有以前的那种光泽，但现在看来，依旧那么美观。邮务员变得高兴和热情起来，她还对卡耐基说，很多人都称赞过自己的头发。

由于卡耐基先生的短短几句话，改变了一个人的精神面貌。后来，卡耐基先生肯定地说，那位邮务员下班后，定会有一脸的轻松，而且还会回到家，对着镜子说："我的头发确实很棒。"

美国诗人惠特曼尚未成名时，对诗歌有一种执著的狂热，他笔下的诗总是那么朝气蓬勃，句句充满着雄厚、粗犷的气息。这一点非常类似他的满怀自信的性格。

在美国当时的诗歌界，没有人注意到出身在一个普通木匠家庭的孩子，他的外表看起来又是那么粗俗不堪，但他的诗有如他的内心一样细腻而又富有情感。他的第一本诗集印刷了一万册，但令人失望的是，却没有人问津。无奈之下，他只好把诗作都送了人。其中有一些美国著名的诗人朗费罗、洛威尔和霍姆斯等，但他们对这本诗集反应很冷淡。当时的大诗人惠蒂甚至直接把诗集丢进了火炉里，化为一堆灰烬。他们认

为：一个木匠的儿子，根本不配享有写诗的权利。

面对诗界的冷漠，他的心好像被凛冽的寒风刺过一般，顿时凉到了极点。让他非常失落、伤感，甚至怀疑自己是不是没有写诗的能力。

就在他万念俱灰时，却意外地收到了美国著名诗人、思想家和散文家爱默生的回信，爱默生对他的诗作大加赞赏。其中还有醒目的一句：我认为它是美国至今所能贡献的最了不起的极具聪明才智的精华，在美国文坛已经诞生了一位伟大的诗人。

面对这及时有力而又真诚的夸奖，惠特曼绝望的心窗迎来了一抹亮光。从此，他坚定了自己写诗的信念。尽管他的一生只写了一部诗集，但他不断地修订，修改得更加完美，还增加一些更有分量的诗。到他临终去世时，他的诗集已经出到第九版，诗歌由最初的十二首，增加到近四百首，人们对他的诗歌备加欣赏和传颂。他也因此闻名遐迩。

试想一下，如果没有当年给他写信对他予以赞美和鼓励的著名诗人爱默生，如果没有他对惠特曼的欣赏，惠特曼很可能一直失落到底，美国文坛可能要失去一个伟大的诗人。

人总希望自己被别人肯定，当我们受到这种奖赏的时候，总会感觉自己像受到激励一样，我们的负面情绪和反面心理会被一种积极向上的心态所代替。

赞赏对别人有这么大的好处，我们还要注意下面的几个问题：赞赏一定是你发自内心的表白，要从理解和实际的角度出发，及时而又不失真诚，也不要太滥，而使赞赏失去意义。

爱默生说过："我遇见的每一个人，或多或少都是我的老师，因为我从他们身上学到了东西。”我们不应只想着别人的不足和缺点，而是要尽量去发现别人的优点，真诚而不是虚伪地敷衍，我们要发自内心地赞赏和鼓励他们，表现出真诚的流露。这些言语会让人们把你的言语珍藏在记忆里，终生不忘。

当我们照顾老人，抚养孩子的时候，可曾想过我们是否尊重过他们。在我们生活中，我们通常让他们这样做，或那样做，往往忽视的是赞赏和鼓励他们。因此，不要忘了，对我们所接触的人，都拥有一颗被赞赏和承认的心理，以获得自我的心理满足，既然这样，我们为什么还要吝啬几句赞赏别人的话呢？

▲真诚地关心他人

卡耐基认为：一个会关心他人的人，他的内心一定要表现自己的真诚，不但要求关心的人应该如此，而且被关心的人也应如此。它是来自相互的诚意，如果这样做了，关心的人和被关心的人都会受益。如果我们想要得到真正的友情，就应该试着为别人做一些实际行动。那些需要花费精力、时间、体贴和奉献付出一番代价的行动。

笔者在刚开始参加工作的时候，遇到一位人缘极好的大姐，她在每一位同事眼里，都有良好的口碑，同事们都说她具有很好的亲和力，说出的话总似一股暖流抚慰心田，有困难的同事总能得到她的帮助。也因此，有的同事向她请教处世秘诀：“你为什么如此受大家的欢迎？”她对人际间的关心有着深刻的见解，她认为，要想让别人真心地喜欢自己，收获至真的友谊，说出的话就必须是真诚的，另外，还一定要去做，因为好话说一箩筐，不如做一件有实际意义的事情。

我们怎么样关心别人呢？有很多人认为，现在的人都是自己顾自己，哪里还有那份闲心。这种说法其实是非常错误的。

比如，当有一天，你发现你的同事情绪低落，老是心不在焉。这种情况下，说明他的家里很可能出了问题。他虽然一句话也没有说出，但他的表情已经表现出事情的端倪，尽管他正在为此而掩饰，但掩饰不了心中的痛苦和无奈。这时你要表示出你的关心，你可以这样说："最近家中很好吧？"看似很随意一句话，说不定能像一把钥匙那样，启开他的心扉。他或许会说："我正伤心呢，我和我的女朋友分手了。""噢，原来是这样。这其实也没有什么大不了的。毕竟爱情不是生活的全部，我发现你比以前成熟多了。这是人人都需要面对的事情。""唉！这事全怪我，我竟然没有更好地理解她……"就这样，他的话像潮水一般涌来，说："今天我真得应该谢谢你，是你给了我真诚的关心和安慰。要不然失去她的日子我还不知道自己怎么样去面对。"不久，他又像往常那样开朗了。后来，他或许把你当成挚友，毫无疑问的是他会把你当成自己的人。当你有事情的时候，他会竭尽心力地帮助你。

卡耐基还认为："凡不关心别人的人，必会在有生之年遭受重大的困难，并且大大伤害到其他人。也就是这种人，导致了人类的种种错失。关心他人与其他人际关系的原则一样，必须出于真诚。不仅付出关心的人应该这样，接受关心的人也理当如此。"

如果你仅让别人对你产生兴趣，而不是出于真诚的关心，那你永远也不会得到真诚的朋友。维也纳著名心理学家亚佛阿德勒在他的《生活对你有意义》一书中说："一个不关心别人，对别人不感兴趣的人，他的生活必遭受重大的阻碍、困难，同时也会给别人带来极大的损害、困扰，所有人类的失败，都是由于这些人才发生的。"

对于关心别人，美国前总统罗斯福对此做得很老道，据说连仆人对他也是喜爱有加。下面是一个有关他的故事。

一次，卸任后的罗斯福到白宫找塔夫脱总统，但总统和他的太太都

不在。他那种关心小人物的禀性完全显露出来，他向所有的白宫旧仆人一一打招呼，而且他都能一字不差地叫出他们的名字。

等他看见厨房工作的女仆爱丽丝时，还能知道她在做什么，问她是不是在做烘玉米面包。爱丽丝做了兴奋而肯定的回答，但她话锋一转，说，面包只是仆人们吃，楼上的人并不吃。罗斯福大声地说："他们真不懂品味，我碰到总统的时候一定会告诉他。"爱丽丝用餐具装了一些给他，他拿了一片到办公室去吃。在路上，他和园丁以及其他的白宫工人打着招呼，并和他们每个人说话聊天，此举让在白宫当过40年仆役的艾克胡热泪盈眶，他说，"这是我两年来，感到的最快乐的日子。"

这就是西奥多·罗斯福，一个杰出的美国伟人，一个关心下层人物，而毫无架子的总统。他的行为是不是让那些对人民作威作福的官员羞愧呢？

所以，当你想对别人施以影响，或是增进你的人脉的时候，如果你想既为自己着想，同时也为别人着想的时候，就一定要把对别人的关心表示出来。当然最后自己并不会因为关心别人而失去多少，相反，那样只会使自己更有影响。

▲欣赏别人

欣赏别人，可以使自己的人格变得高尚。用一种豁达的心态去分享别人的成功，用一种欣赏的眼光去肯定别人的成功，你人生的境界会因此而得以提升。

春秋时期，管仲少时贫贱，早年曾与好友鲍叔牙合作经营小买卖为生。管仲出的本钱没有鲍叔牙多，可是到分红的时候，他收了应得的那一份，还要再添点儿。鲍叔牙的手下骂管仲贪得无厌，鲍叔牙替他辩解说："他家里人口多，开销大，那是我自愿让给他的。"管仲带兵胆小怕事，手下士兵不满，而鲍叔牙却说："管仲家有老母，他为了侍奉老母才自惜其身，并不是真的怕死。"鲍叔牙百般袒护管仲，是因为他知道管仲是个不可多得的人才，只是还没有机遇施展。管仲感叹道："生我的是父母，了解我的是鲍叔牙啊！"就这样，他们成了莫逆之交。后来，管仲在鲍叔牙的极力推荐下，成了齐国宰相，帮助齐桓公成为春秋五霸之首。

鲍叔牙欣赏管仲，百般袒护，并极力推荐管仲给齐桓公，使齐桓公重用他，而自己甘居管仲之后。可见，欣赏别人需要有多大的气度与胸襟。

欣赏，就是赞美、鼓励，即对别人的个性、特长、言行、优点和成就发自内心地褒扬称赞。人生旅途中，欣赏是一种最容易获得的愉悦。

著名的大作家马克·吐温曾经不加掩饰地说："一句美好的赞扬，我能多活两个月。"这其实道出了人类共同的心理需求。

生活在大千世界，必然要接触无数的人，与各种类型的人交流沟通。在与这些人的接触、交流、沟通中，如何成为受欢迎的人，这是我们要面对的现实。人与人的交往，要学会欣赏别人。别人的脸型不美，你可以欣赏他的一双明亮的眼睛，或一头乌黑的头发；别人的身材不美，你可以欣赏他的装束和时尚的化妆；别人的长相不美，你可以欣赏他善于言辞的谈吐，或写出的一手漂亮的文章；别人的长相一无是处，你可以欣赏他的交际能力和背后某些超人的魅力所在……总之，会欣赏别人，就会欣赏到美。

在社会生活中，每一个人都渴望得到别人的欣赏，同样，每一个人也应该学会去欣赏别人。欣赏与被欣赏是一种互动的力源，欣赏者必具有愉悦之心，仁爱之怀，成人之美的善念。因此，学会欣赏，应该是一种做人的美德，肯定了别人也是肯定了自己，诚如爱默生所言："人生最美丽的补偿之一，就是人们真诚地帮助了别人之后，同时也帮助了自己。"培根说："欣赏者心中有朝霞、露珠和常年盛开的花朵；漠视者冰结心城、四海枯竭、丛山荒芜。"我们是以宽厚、仁爱、欣赏的眼光看别人，还是以刻薄、敌意、贬损的眼光看别人，不仅体现一种截然不同的处世态度，也能反映一个人的境界和修养。

1852年秋天，屠格涅夫在斯帕斯科耶打猎时，无意在松林中捡到一本皱巴巴的《现代人》杂志。他随手翻了几页，竟被一篇题名为《童年》的小说所吸引，作者是一个初出茅庐的无名小辈，但屠格涅夫却十分欣赏，钟爱有加。他四处打听作者的住处，最后得知作者两岁丧母，七岁失父，是由姑母一手抚养照顾长大时，屠格涅夫更是给予了极大的同情和关注。

姑母很快就写信告诉自己的侄儿：“你的第一篇小说在瓦列里扬引起了很大的轰动，大名鼎鼎、写《猎人笔记》的作家屠格涅夫逢人就称赞你。他说：‘这位青年人如果能继续写下去，他的前途一定不可限量！’”

作者收到姑母的信后，欣喜若狂，他本是因为生活的苦闷而信笔涂鸦打发心中的寂寥，并无当作家的妄念。由于名家屠格涅夫的欣赏，竟一下子点燃了心中的火焰，找回了自信和人生的价值，于是一发而不可收地写了下去，最终成为具有世界声誉的艺术家和思想家，他就是《战争与和平》、《安娜·卡列尼娜》和《复活》的作者列夫·托尔斯泰。

不可否认的是，现在欣赏别人的人似乎越来越少了，自我欣赏的人倒是越来越多了。别人有了长处，视而不见，自己有了长处到处宣扬，这已经成为一种时尚。然而，欣赏别人，赞美别人，不管在什么时候都应该是一种美德，也不管在什么时候它都是社会所需要的。

当然，欣赏别人，不是廉价的吹捧，不是无原则的夸奖。欣赏别人，不是投其所好的精神按摩，更不是卑躬屈膝的精神行贿。欣赏别人，是建立在客观事实基础之上的真实判断。

要欣赏别人，必须有发现别人长处的能力，就像伯乐相马一样。如果没有这种能力，谈不到欣赏别人。

要欣赏别人，还必须克服那种狭隘的心态和阴暗的心理。一个始终想着一己得失的人，一个总用戒备和提防的心理去对待别人的人，一个狂妄自大、目空一切的人，是永远不可能去欣赏别人，更谈不上去赞美别人的。赞美他人并不难做到，这要求我们去发掘生活和工作中我们周围的人，想想他们的好处和优点，并毫不吝啬地称赞他们，这将会在人与人之间形成良性互动，使我们的社会和工作环境更温馨可爱，个人的人际关系也能大大改善。

▲巧妙的语言化解尴尬

尴尬的场景让人难堪，而巧妙的语言可以打破僵局、缓和气氛、化解矛盾，将烦恼抛到九霄云外，还给我们一个轻松自然的气氛。

在我们的生活中，总会由于一些主观的或客观的原因，让我们在生活中出现令人尴尬的局面。这时，我们要学会用巧妙的语言来化解尴尬，化解一些矛盾、调解一些纠纷，善于打破僵局。当别人出丑而陷入窘况时，我们要学会主动给其解围，找一个台阶让他下；当自己造成失误时，要善于补救，自圆其说；与别人产生不快乐时，不妨“和和稀泥”，适度地往对方脸上贴贴金，让对方少丢些面子，以留住尊严。

有时，巧妙的圆场可以变坏事为好事，把难办的事情办好。正如下面的方法：

1. 随机应变

一次，老李的一个故友来家里叙旧，两个人在客厅里津津有味地“咀嚼”着一些往事，并时而开怀大笑，几个小时一闪而过，很快到了用晚餐的时间了。这里老李五岁的女儿跑了过来，趴在老李的肩膀上咬耳朵。两人聊兴正浓，老李很不耐烦地训斥女儿：“真不懂礼貌，当着客人的面咬什么耳朵，有什么话快说？”

女儿顺从地大声说：“妈妈让我告诉你，家里没有菜了，别留客人吃饭。”话音刚落，两个人一时愣住了，老李感到很尴尬，怎么解释啊！

只见老李轻轻地用手拍了一下女儿的头，说："你这个小笨蛋，你难道忘了：只有喜欢借钱、吹牛皮的小叔来的时候，才这样说吗？怎么搞的，没有一点记性。"

故友看了看平静的老李，也没有什么不快，两个人继续聊了下来。

通常，尴尬局面的出现是一瞬间的事情，惊诧和缺乏镇静的后果只能是手足无措。当自己处于这种情况的时候，第一，要保持平静，机智地观察局面，随机应变，用巧妙的语言来化解。

2. 幽默化解

无论是轻松的场合下，还是在紧张的场合下，具有幽默细胞的人总会赢得别人的好感，获得更多的支持和理解，从而赢回一个轻松愉快的气氛。

有一回，美国总统里根在白宫钢琴演奏会上讲话，突然他的夫人南希一不留神连人带椅子跌落在台下的地毯上。观众一阵惊叫，但是南希却灵活地爬起来，在二百多名宾客的热烈掌声中又回到了自己的座位上。

正在讲话的里根看到夫人没有受伤，便说了这么一句话："亲爱的，我不是告诉你了吗，只有在我的讲话没有赢得掌声时，你才应该表演你的节目。"

听了里根这句俏皮话，大家都为他的机智、诙谐而热烈鼓掌。

3. 妙用吉言

人们都爱听吉利的话，如果在别人处于僵局或不快时，巧妙地运用吉言，有的放矢地择用别人易于接受的话语来博得对方的欢喜，尴尬就会因为得到吉言的安慰而荡然无存。

在一次欢快的婚宴上，司礼正向高高兴兴的新郎新娘举杯庆贺时，不知何故，手中的酒杯一松，掉落到坚硬的瓷砖上，传来一声清脆的杯子被摔碎的声音，参加婚礼的人们看着地上洒出来的红酒，不知所措，音乐戛然而止，喜庆气氛顿变，由轻松蓦地变为紧张。人们向司礼射来讨伐的目光。这令新郎新娘也很难堪，不知怎么办才好，这种尴尬如不能及时消除，势必会给欢乐的婚宴蒙上不快或不祥的阴影。这时，只见司礼从容不迫地又摔碎一个倒满红酒的酒杯，大家疑惑之中，司礼高声说道："一'碎'，又一'碎'，这叫'岁岁平安'"。此举令在座的客人哄堂大笑。"岁岁平安"是吉利的语言，意思是说年年幸福，生活没有大的波澜。解除了困窘局面，婚礼的气氛又重新热烈起来了。

4. 故意曲解

在一些社交活动中，由于双方风俗习惯的不同，可能常会做出令一方困惑不解的行动，而导致尴尬局面的出现。此时，可以采用曲解的方法，把对方困惑不解的行动曲解为友谊的信号。尴尬的形势会立刻得到扭转，从而再现一幅欢声笑语的热烈景象。

有一次，中国老诗人严阵和一位青年女作家访问美国。他们在博物馆广场上散步时，恰巧有两位美国老人在旁休息。看见中国人来，他们很热情地迎上来交谈。其中一位老人为表达对中国人的感情，热烈地拥抱那位女作家，并亲吻了一下。女作家十分尴尬，不知所措。另一位老人抱怨说，中国人不习惯这样。那拥抱过女作家的老人，顿时尴尬万

分。严阵赶忙上前微笑着说："尊敬的老先生，你刚才吻的不是这位女士，而是中国，对吧?"那老人马上笑道："对，对!我吻的是中国!"尴尬气氛就在笑声中烟消云散了。

5. 指鹿为马

有时人的某种行为在特定的场合下，会引起误解，但圆场着为了化解尴尬，赢得友谊，可以巧妙地寻找到另一种含义。

戈尔巴乔夫偕夫人赖莎访问美国时，在赴里根为他们在白宫举行的送别宴会的途中，戈尔巴乔夫在闹市区突然下车和行人握手问好。苏联保安人员急忙冲下车，围上前去，喝令站在戈尔巴乔夫身边的美国人把手从口袋里抽出来。他怕行人口袋里有武器，行人一时不知所措。这时，身后的赖莎十分机智，立即出来打圆场，她向周围的美国人解释说，保安人员的意思是要人们把手伸出来，跟他丈夫握手。顿时，气氛变热烈了，人们亲切地同戈尔巴乔夫握手致意。赖莎机巧应变，妙打圆场缓解了当时尴尬的场面。

▲做一个对别人有用的人

美国一位长期稳居高位的政治家认为：自己之所以高居权位，如果找出原因的话，那就是：你想钓到什么样的鱼，你就得用什么样的诱饵。也就是说，你首先要对别人有用，满足他的所需，然后才能实现自己。

一个人活着如果对别人有益，对社会有益，那么这个人活得才有意义。怎样去做一个对别人有用的人，那就要问问别人需要什么，然后想别人所期望的事情，帮助别人解除人生的困惑，从而体现出自己对别人有用。而且，只有你对别人有用，别人才会给予你帮助。

人，都离不开交往沟通。马斯洛的需要理论把人类之间交往的目的揭示出来。人人都有自己的需要，物质的和精神的需要，某个人的需要又是具体的，和别人的需要不同。对于某个人的特定需要，他自己感受很深，兴趣很浓。当你想影响他的时候，你不妨提出他们的需要，而且要引导他们怎么样去获得。

所以，如果你想取自己所需，首先你就要满足别人所需，这就是：要取之，先予之。要想知道别人所需，这就需要你去了解别人，了解他的价值取向。然后给他所需，同时你再索取自己的所需，这样，合作就达成了。

其实上段文字说的先给予别人所需，最终的目的其实还是更好地为了自己的所需，这也是一种智慧的交换。

亚佛斯德教授在他的《影响人类的行为》一书中说："行动由我们的基本欲望而发生……对于未来的想说服人的最好的建议，无论在商业、家庭、学校及政治中，第一都是：在他人的心中激起一种急切的需求。如果他能做到这点就可以左右逢源，否则到处碰壁！"

如果你以后要想别人为你去做某些事情的时候，你要深刻地了解这个道理。如果你不想让你的孩子痴迷于网络游戏，你要做的不是让他停止游戏，而是让他从心底深处认识到：人生还有很多其他很重要的事情要做，要继续走前面的路，否则以后就不会在社会竞争中站住脚。这个方法值得你永记心头，不论对方是一个怎么样的人。笔者在卡耐基著的一本书上看到这样一件事：

有一次，爱默生和他的儿子要将一头小牛关入牛棚。可是他们犯了一个普通的错误，那就是他们只注重他们自己需要的：爱默生使劲地推，他的儿子拼命地拉。而小牛也像他们一样：只想到自己所要的，所以两腿蹬地，坚决不肯离开草地。这时，他的女仆看见了，虽然她没有高深的思想理论，却比爱默生和他的儿子更懂得小牛的禀性，她知道小牛所要的，她只将她的手指放在小牛的口中，奇迹发生了，小牛一面吮吸着她的手指，一面温驯地随她走进了牛棚。

这个情形正如一些销售人员，为什么天天奔波在去商家的路上，他们感到既疲惫又沮丧，而且没有得到多少报酬。原因是什么？这和上面的道理一样，因为他们心里想的都是商家怎么样购买他们的产品，而从不想自己怎么样对商家有用，怎么样才能实现商家所需。他们都不知道商家这个时候不需要他们的产品，而他们还是枉费心机地去奔波。只有转变观念，去多找那些正需要公司产品的商家才行。

因此，如果你要想更好地影响他人，首先你要做一个对别人有用的人，能够满足对方所需，能够激起对方急切的心理欲望，下面的事情就变得容易多了。

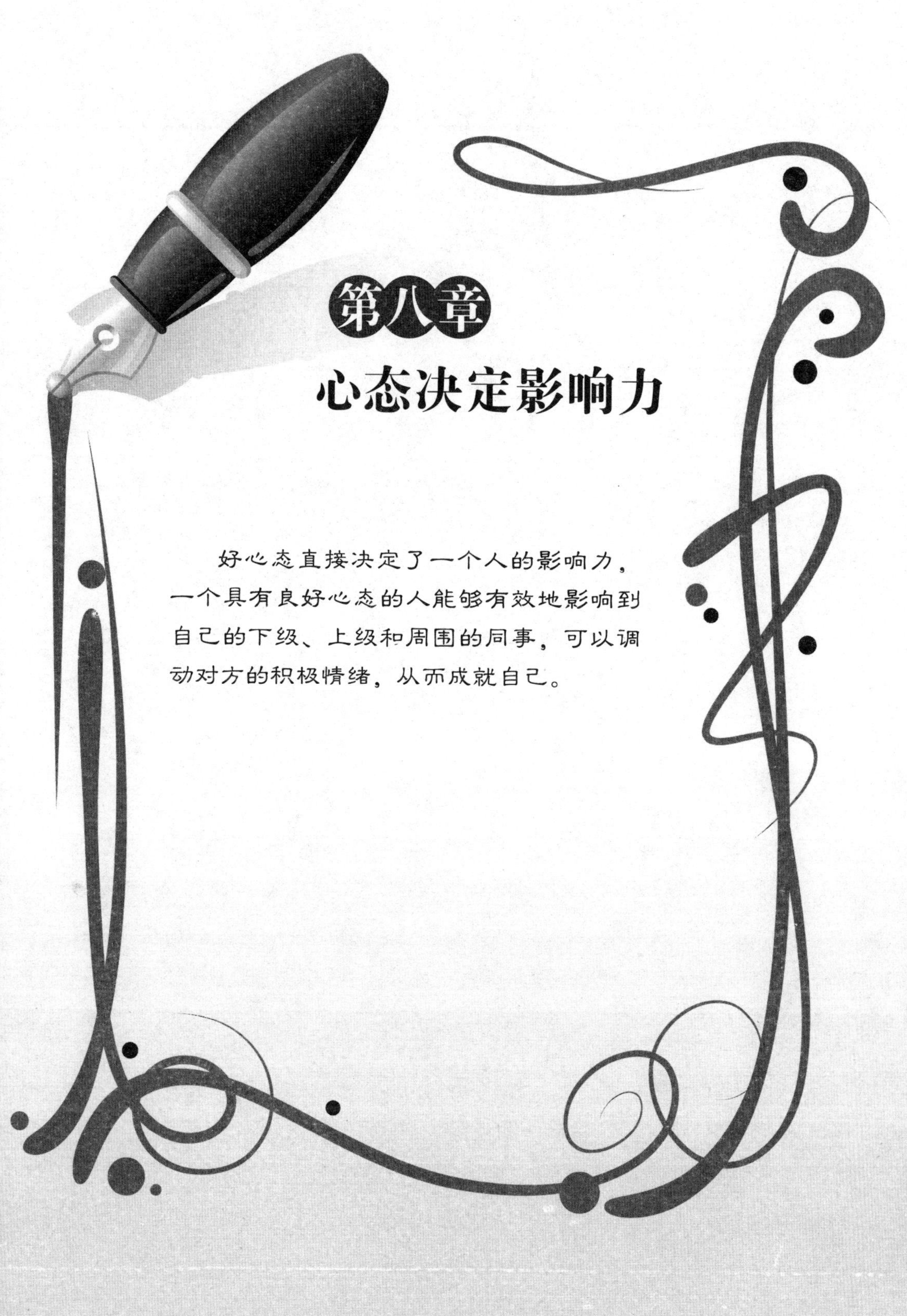

第八章

心态决定影响力

好心态直接决定了一个人的影响力，一个具有良好心态的人能够有效地影响到自己的下级、上级和周围的同事，可以调动对方的积极情绪，从而成就自己。

▲自卑等于慢性自杀

自卑犹如一副沉重的枷锁，束缚着你的行动，撕扯着你的自信，令人踟躇不前。折磨得你身心俱疲、奄奄一息，生命如将要熄灭的蜡烛，没有一点生气。

在我们的社会生活中，我们总是谴责那些自高自大的人，因为他们自命不凡、妄自尊大、目空一切，结果是害人害己。骄傲固然不好，但自卑也绝不是一件好事情，自卑的人认为自己处处不如别人，习惯用放大镜放大自己的缺陷和不足，总感觉自己不如别人，总感觉自己在别人的面前抬不起头来。

自卑对自己的恶劣影响，会使你自己感觉身上背了一个沉重的包袱，会让你沉重而无奈地走下去，特别是你有自己的选择的时候，自卑会毫不留情地抹杀你的英雄气概，让你至少在做事的起点上，要比别人慢半拍。碰到障碍的时候，可能会令人唉声叹气，甚至一蹶不振，从而否定自己的一切。还会掉进自责的心理陷阱，因此，机会从身边悄悄走掉了，本来轻松快乐的生活使你感到既痛苦又难受。根源就在于自卑牵着你的鼻子走，自卑主宰了你的生活。

有的人认为自己相貌平平，有的人认为自己有某种见不得人的生理缺陷，然而生活中不会有十全十美的人呀！即使是我国古代的四大美人也都有自己的缺点：据说，西施长了一对大脚，所以她总穿裙子遮盖它；王昭君长了一副斜肩膀，所以她总喜欢穿斗篷；貂婵长了一对小耳朵，所以常戴一对大大的耳环以掩饰；杨贵妃天生有难闻的狐臭，所以她常用花瓣洗浴自己。况且前人有智言在先，说人不可貌相，海水不可斗量。所以，我们没有必要总是盯住自己的缺陷不放，而和自己过不去，我们应该能做的就是要向积极的方面发展。

一些心理医生认为，对于自卑心严重的病人，他们总是自怨自艾、悲观失望，当然有时也不免妄自尊大。自卑的人看似平静的心绪，其实他们的心理剧烈地活动着，自卑犹如一条毒蛇一般使他们自己永远耿耿于怀，永远陷入自我设定的漩涡中不可自拔。严重的甚至会有自杀的不良心理倾向。

其实，自卑的人不必以为自己什么都不行，自卑者应该去保持一个真实的自我，应该自信地去追求自己的生活，应该发挥自己的影响力。你心目中的那些成功者也没有什么特别之处，他们也有着自己的不足和弱点，同样是人，他们能获得成功，当然你也能行。

首先，你要对自己有一个清醒的认识，是什么东西绊住了你前进的脚步，或许是一次曾经失败的经历，或许是一次惨痛的人生教训，或许是自身某种缺陷。总以为自己是生活中的悲剧人物，一直倍受折磨。如果是这样的话，你的表现将永远是一个失败者的面目。心理上你已经彻底失败了，试想一下，一个总认为自己不如人的人，又怎么能去战胜别人，又怎么能去实现自己的腾飞。自卑不但埋没了自身的潜力，束缚你的思想和行动，久而久之，犹如一支将要熄火的蜡烛，能量转瞬即逝。

其次，你要打破自己对自己的盖棺定论，有的人由于对自己要求不

高，就好像一个人，他本来可以背负200斤的货物，但他总以为自己可以背负100斤的货物，刚超过100斤的时候，他就会产生心理的重负，累死了。这时你要重新改写自己的重负，适当地加重一些负荷，多为自己鼓鼓气，大踏步地往前走下去。

最后，如果你要摆脱自卑心理对你的“纠缠”，最好使自己有事情可做，不妨让自己忙碌起来，扬长避短，多借鉴一下名人成功的故事，使自己在劳动中证实自己的不凡和自信。不要生活在别人的影子里，从而可以打出自己的旗帜，成就自己的影响力。

否则的话，自卑的你在生活中会处处受限，处处烦恼，无异于自杀。

▲要有坚强的毅力

1884年的一天，正在品尝水果的美国前总统格兰特突然感到咽部一阵剧烈的疼痛，一连几个星期都是如此：有时猛然感到咽部阵痛。经过费城外科名医达科斯塔的仔细诊断，发现这位总统的舌头长有息肉，将军出身的总统并没有被病魔吓倒，但几个月过后，他的病情变得越来越严重了。于是，格兰特的妻子请来了纽约著名的五官科医生约翰·道格拉斯，他同时又是格兰特的故友，道格拉斯详细诊断出格兰特咽部的息肉为癌组织。

格兰特以坚强的毅力与病魔进行殊死搏斗，即使在病危中，这位前总统也不忘为医药事业作贡献，他常常忍着巨痛，协同医生观察可卡因的临床效果，他给医生提供以下的药品作用："如果适量用可卡因，能奇迹般地缓解疼痛，药效作用部位周围慢慢失去知觉，有些麻痹不适，但不会感到疼痛，正常无病部位没有不适的感觉，但这些部位如果活动起来则会使病变部位产生疼痛。自己总感觉用药次数过多，结论是最好要到疼痛难忍时再用药，我要限制用药，这似乎不容易做到。"

几乎同时，又一条非常不幸的消息传来，格兰特投资的一家公司破产了，他看病和家庭都需要不小的开支，使他彻底陷入了债务危机之中。"天无灭人之心"，著名作家马克·吐温知道了这个事情后，鼓励格兰特写回忆录，以解决财务危机。此后，这位随时都可能去世的前总

统除了与病魔抗争外，又增加了一项新的任务——写回忆录，每次注射完可卡因，他就坚持写他的回忆录，有时自己亲自动笔写，有时不能手写的时候就口述请别人写，每次都要写上很多页。就这样，他经常忍着巨痛，凭着非凡的毅力，不屈不挠地撰写着他的回忆录。就在去世前的几天，饱含着他的毅力和生命的第二卷回忆录交付印刷了。

后人称赞说："这套回忆录，不仅给后世留下了丰厚的精神财富，而且还使人们看到格兰特总统最坚强的品质，这是值得后世人们学习的。"

成功人物的路都是靠自己走出来的，他们在没有享受自己的成果之前，所经受的磨难比普通人总要大得多，最重要的是，成功的人能够咬紧牙关，能够挺得住。这靠的是什么？当然是坚强的毅力。

既然成功的道路都是人走出来的，只要你不怕摔跟头，不害怕挫折，而又有毅力，前面总会有一条宽阔的大路在等着你。在你没有成功之前，你的人生道路可能是污水横流、泥泞不堪，也可能是曲曲折折，这时，你要以坚韧的精神顶住磨难，要以顽强的毅力攀登前进。经受的磨难越多，后面的成果就越丰富，只要你有执著的心态和持之以恒的行动。

大凡成功的路都是历经艰险走过来的，道理可能很简单，但真要做到坚持不辍，也并非易事。这就要靠一种超然的自信和毅力，我们处于劣势，而不退却；处于逆境，而不放弃。这样，不断地磨炼自己，使自己愈挫愈坚，永不言弃。

有一些人就有着非凡的坚韧毅力，大家都知道毒品的危害，一旦染上毒瘾，就难以戒掉。另外就是，一个吸毒成瘾者如果戒除了生理性的毒瘾，还有复吸的可能，世界上真正能戒掉毒瘾的人几乎是凤毛麟角。但也不是没有特例，张学良将军就曾经是一个经常吸食鸦片的人，为了戒掉毒瘾，他闭门谢客，还给自己写了一个“陋习好改志为鉴，顽症难治心作医”的条幅挂在眼前，最后凭着坚强的毅力戒掉了毒瘾。这是一般人所做不到的。国外也有这样的真实例子，笔者在此不再一一列举。

人人都有上进心，人人都想着自己有所进步，人人也都想着为此而付出汗水，人人也都想做一个坚忍不拔的人，这是一个好的心态，也是一种人人皆向往的心态。但是曾经的豪言壮语，一旦遇到挫折和失败，有的人可能把坚强的毅力忘得一干二净。能够真正做到有坚韧的毅力的人还是少数，他们的可贵之处在于，他们遇到挫败不会气馁，成功的愿望鞭策着他们不断向前奋进，失败了也能愈挫愈勇，再接再厉。

在这方面，古今中外的名人早已给我们树立了榜样。我国大文学家梁启超先生曾经说：“有毅力者成，反是者败。”清朝郑板桥有诗云：“咬定青山不放松，立根原在破岩中。千磨万击还坚劲，任尔东西南北风。”这两个人物堪称大家，他们的智慧不用说大家也知道。总之，他们的深刻体会是：坚强的毅力可以助人扭转败局、化险为夷，还可以教人从受挫中奋起，只要心火不熄，志气不灭，你就一定可以到达理想的彼岸。

俗话说：命运多舛。生活中不可能一帆风顺，在开拓人生路时，总有困扰。这其实不可怕，最重要的是要把困境看作是习以为常的事，即使面对长期的艰难困苦，也不要惧怕，如果能鼓起勇气，奋发图强，持之以恒，就一定可以凭着顽强的毅力去克服一切困难。人因为有了征服的欲望，才去攀登，才去执著坚强，才有到达顶峰时的博大和伟岸。

人生的道路总是充满了艰辛，只要你有坚强的毅力，拼搏不止，总有你期待的灿烂的一天。

▲忍是一种力量

忍的好处多多，有人说它是一种心法，是一种涵养，是一种美德，是一种顾全大局的果敢。我认为忍是积蓄力量的曲折过程，是以静制动和后发制人的策略。一个忍耐的人必是一个完善自我、以德服人的人。有时忍是一种让步，就好像刘邦去赴项羽的鸿门宴那样。力量弱小的你必须忍耐，如果你度过了这一段韬光养晦的日子，东山再起的一定是你。勾践以小忍的代价，灭掉了吴国。韩信能忍“胯下之辱”，使他成为汉朝大将，并使他彪炳千秋。

古人云：小不忍则乱大谋。忍一时平平安安，让一步海阔天空。在力量悬殊的情况下，忍不是软弱，反而表现了忍者的豁达和气量。忍者能把握自己的内在心绪，忍得一时，保住好的发展态势，并在不知不觉中塑造了自己理性的人格力量。这也是有大志者所必备的一种品质。

具有几千年历史的中国，忍对国人的影响可以说是深刻之至，不管你是什么身份，无忍不成事，无忍生坏事。当下，很多的青年人认为，“枪杆子里面出政权”，一遇到自己不顺心的事情，就私下解决，大打出手，结果是伤了人，害了己，甚至是身陷囹圄。其实，本来没有什么大不了的事，由于难以忍下一口气，结果酿成悲剧。

不论你是什么身份的人，你必须忍受住现实的残酷，必须忍受住逆境的煎熬。只有忍，才能使我们充满包容的力量，才能到达真理的崇高

境界。

一个处于忍耐中的人，刚开始的时候，忍有如药，苦涩无味，当随着时间的增长，这种苦有了效果，心灵得到了升华，它变成了一种异样的好处，久而久之，苦有如一股力量，会使得人生发生质的变化。

很多人都认为，人生在于奋斗。要奋斗就会有得失，只有那些不惧怕失败的人才有忍耐过人的宽容胸怀。它是一种度量，是深刻而有力的修养，更是一种雄才大略的力量。它也是一种以守为攻的计策。

要想做一个善于忍耐的人并非易事，我们有时总会在无意中伤害了别人，连累了自己。古人云："忍得一时之气，免得百日之忧。"在你羽翼尚未丰满的时候，对于受到的不公平待遇，你要善于忍耐，只要你能忍受住，在忍耐中奋进，以后东山再起的一定是你。否则，大祸临头的也必然是你。羽翼丰满的时候，更需要忍耐，曾国藩深谙此道，于是有了他的"打脱牙和血吞，有苦从不说出，徐图自强"的处世要诀。相比，唐代的娄师德"唾面自干"的故事也不逊色。

据说，娄师德的弟弟上任代州刺史，向兄长娄师德辞别时，娄师德告诫弟弟："我贵为宰相，你又被朝廷封为刺史，这对我们娄家来说是天大的恩宠，你一定要善于保护自己。"弟弟听了，若有所思地说："以后如果有人向我脸上吐口水，我也不会说他什么，自己轻轻擦干就是。"娄师德正色道："不可，如果有人敢向你吐口水，说明他深恨你，你不必擦干，你即使擦了，别人更会变本加厉，反而擦不干了。你应该根本不擦，让它自己干。"据说，娄师德的弟弟也有很高的忍耐力，也是常人所无法做到的，可见娄师德的忍耐功夫有多深了。

大多数人都认为，忍耐能在必要的时候保护自己，忍耐能成就大事业，忍耐是一种大智大勇的策略，一个人如果能够容忍专横不平，忍常人不能忍，终必能成一般人所难成的大事。因此，忍者无敌，忍是助你成功的另一种力量。

▲信念是牵引命运的绳索

信念犹如闪电，当阴云蔽日之时，指给你奔向光明的前程;信念好比葛藤，当你向险峰攀登时，引你拾级而上；信念就像金钥匙，当你置身生活的迷宫，助你撷取人生的桂冠。

信念对我们的人生来说是十分重要的，当我们身陷挫折的沼泽之中时，心中的信念使我们坚持不懈，助我们克服一个个障碍；当我们在前进的路途中气馁时，信念给了我们勇气；当我们人生失意时，又是信念唤醒了我们的激情，直至最后的成功。因此，谁牢牢抓住了信念，谁就相当于抓住了命运的绳索，只要你不松手，命运之神终会垂青你的。

以前，美国的黑人由于长期受白人歧视，又由于种族隔离政策的影响。他们的社会地位一直很低，当时很少有黑人进入高层政界。而罗杰·罗尔斯却是个例外，他成了第一位担任美国纽约州的黑人州长。

罗杰·罗尔斯小时候出生在一个环境恶劣的贫民窟里，那是一个充满暴力和偷盗猖獗的地方，四面八方的无家可归者聚集在这里。

他就读的学校条件很差，学生素质低劣，打架斗殴和逃课是学生们的家常便饭。上世纪60年代，波尔·保罗担任了这所小学的校长，看到学生们的顽劣表现，直皱眉头。他想出了很多办法来引导和感化他们，但都没有达到预期的效果。后来他注意到学生们有一个特点：他们都很迷信。他的眼前一亮，他便用这个方法来鼓励学生学习进步。于是他开始给他的学生们看手相占卜未来。

一次，罗杰·罗尔斯当着皮尔·保罗的面从窗台上跳下来，大大咧咧地把脏兮兮的小手伸向皮尔·保罗，皮尔校长说："我一眼就可以看出来，你以后将是纽约州的州长。因为你修长的拇指预示着将来要主政。"

当时，皮尔校长的话让年幼的罗尔斯很吃惊，从小以来，只有一次是他的奶奶说他以后可以成为小船的船长，奶奶的话曾让他兴奋了很久。而这一次学校校长竟说他可以成为纽约州的州长，他从来没有这样想过，他的心里牢牢地记下了这句话。从校长说出那句话的时候算起，纽约州长就成了罗尔斯的人生目标，他认为州长应该是具有绅士风度的，于是他的衣服开始变得干净整齐，嘴里的话开始变得文明起来，在此后的几十年中，他时时处处以一个州长的身份要求自己。坚守信念数十年的他，最后终于换来了他想要的回报：在他51岁时，他成了一名州长。

在发表州长就职演说时，罗尔斯说，皮尔校长的一句话成了自己当州长的信念，树立了他为人民谋福利的崇高理想。对于我们来说，有时甚至一个善意的欺骗，如果你都坚持不懈地执行下来，它终会有实现的那一天。

罗尔斯抓住了牵引命运的绳索，使他最后成了第一位黑人州长。

对于信念，人人都知道它，它没有什么深刻的哲理，它只是一种明确的人生目标。它的意思是说，人无论做什么，首先是要相信自己，相信必能达到所期望的目标。如果你对前进的目标产生无端的怀疑，那就不叫信念。信念是一以贯之的坚定心态，信念是牵引命运的绳索，重要的是你一定要牵住命运的绳索，一旦你松开命运的绳索，你就会变得无所适从，相反，只要你握住命运的绳索，无论经历多大的困难，你总会有成功的那一天。

罗曼·罗兰曾说：“人生最可怕的敌人就是没有坚强的信念。”坚强的信念不是生来就有的，它总是存在于信念向现实逼近的坚持中，信念的坚持主要是靠你自己，任何人都不可能把信念放在你的心中。

人生苦短，要想发挥自己的影响力，要想成就自己，就必须拥有自己的信念，唯有信念才能使你毫无迟疑地走到底。唯有信念才使你看到希望，才能鼓励着你披荆斩棘，奔向成功。巴甫洛夫曾宣称:“如果我坚持什么，就是用炮也不能打倒我。”高尔基指出:“只有满怀信念的人，才能在任何地方都把信念沉浸在生活中并实现自己的意志。”

因此，只要我们坚守自己的信念，信念往往会带给我们所需要的东西，一个人无论他的条件如何优秀，只要松开命运的绳索，都会变得无所适从。

在人生的旅途中，信念是必须具备的，一个人只有相信自己，相信自己所坚持的目标。美国前总统里根说:“创业者若抱着无比的信念，就可以缔造一个美好的未来。”美国著名的解剖学、心理学教授威廉·詹姆斯说：“不可畏惧人生。要相信人生是有价值的。这样才会拥有值得我们活下去的人生。”

信念对一个人来说，是绝对公平的，每个人的信念都掌握在自己的手中，任何人都可以唾手而得，而且还不会花费你一分钱。那些成功的人深谙此道，他们的成功都是从一个个小小的信念开始的，信念是奇迹的开拓者。

一个人如果有了信念，他即使遭遇挫折和不幸，也能坚定生活的步伐，浑身充满前进的力量；一个人一旦有了信念，会在他的心中燃起一团不达成功永不会熄灭的火焰，支撑着他对目标的不断追求。有人甚至将信念看成是生命，生活中正因为有了信念，才感到苦中也有甜，而破罐子破摔的人，懦弱自卑，无异于行尸走肉。信念让我们有了很强的方向感，人生有目标固然可贵，如果没有信念会让我们无法认识行动的意义，会让我们在对目标执著追求的过程中充满困惑。而有了信念会让我们向着目标踏实地向前攀登前进，会让我们有了一种师出有名的激情。

▲宁静的境界是高远

人类是辛勤的，为了我们各自的目标，时时奔波忙碌着。忙碌，忙碌，无尽的忙碌，但人的承受力是有一定限度的，一旦超出了自己所能承受的限度，就会烦躁不安，就会忙中出错，就会导致一系列的问题。那些长期处在亚健康状态的人们不也是这样吗？所以人的心灵有时也需要宁静的积淀。即使是广阔的大海，它并非总是涛声阵阵，激流拍岸。它有时也静若淑女，静谧而和谐，平若镜子。这和我们的人生一样。

现在的社会，我们有着如此丰裕的物质和精神生活，虽然开着小车，躺在宽敞舒适的卧室，吃穿玉食锦衣。然而仍有很多人并不因此而快乐，究其原因，主要是他们没有一种宁静的心态积淀。他们一天天为了自己滋生的欲望而奔波忙碌，使他们自己的心总处于一种过高目标的期望之中，所以他们总体会不到生活的美好，感觉不到生活的幸福。

我们从繁杂的生活中都有深刻的体会，一个能经常保持心灵清静的人，如果没有对物质的贪欲，他就能保持着一种良好的肌体，健康的精神状态。如果保持一种宁静的心灵，则会使自己的期望值放低一点，心胸更宽广一些，就会把得失看得淡然一些。得不骄，失也不怒。这本身就包含一种愉快的因素在里面了。其实，宁静并非逃避，宁静是繁忙之后的清醒，清醒则可以使我们的目标更为明确，精力更加充沛，也可以这样说，享受宁静是我们暂时的心灵修补，享受宁静是我们心灵的加油站。

我国古代一些著名人物对宁静就有很高的智慧，陶渊明为此可以“采菊东篱下，悠然见南山”，使他尽享田园之乐。诸葛亮为此可以“淡泊明志，宁静致远”，诸葛亮此举使刘备三顾茅庐。李白可以为此“举杯邀明月”“人生在世不称意，明朝散发弄扁舟。”这一举动，把自己三番五次成功地推销给了唐皇帝。

笔者有一好友，此君常常喜欢在周末的晚上邀笔者去品茗，茶室里有琴瑟，有竹有画有墨，一切的摆设都散发出一股浓郁的古香气息，在茶室舒缓音乐的熏陶下，喝一口清茶，茶香入口，周身感觉有一股陶醉之意，通体舒泰。仿佛人世间的一切功名利禄显得那么俗气。在这里独享一份自在和恬适。这时我想，一个被称做是君子的人，他的内心一定是通过宁静沉淀出来的修养，以清淡寡欲笃行自己的远大志向。我想这也是密友邀我来茶室的目的吧。宁静，并非是心里真的什么也没有想，而是在这清幽优雅的环境中，给了我们集中精力去用心思考人生的一切。而一个内心充满浮躁的人很难细细分辨忙碌的是非，很难对自己的志向做出正确的判断。殚精竭虑，心智丧失，则很难实现目标，那样的结局只有一个：失败。

在这个处处压力、处处竞争、处处有机遇的社会，我们如果不能以正确的心态去对待这一切的话，就难以宁静的心境去应对，我们一定会疲于奔命，陷于其中不可自拔，最后心力交瘁、伤心失望的还是自己。

萨特在剧本《苍蝇》中说：“神与国王都有痛苦的秘密，那就是——人类是自由的。”我们在辛劳奋斗的间隙，不妨远离眼前的纷繁芜杂，放下大脑紧张的束缚，留给自己一份静谧，只有这样，才能够更加清楚地认识自己，才能更加理智地对待人生的一切。

如果我们有一天生活中没有了美酒，但我们并不一定没有豪情；如果有一天我们的生活中没有了休息的居室，我们并不一定没有归宿，广阔的大自然是我们最理想的栖息之地；如果有一天我们都变得沙哑无言，我们并不因此不能交流，至少我们还有心灵的相通。所有的这一切，我们可以用宁静来回答，我们安静地行进，我们安静地思索，我们安静地做梦，我们安静地体味人生的一切。这样，我们以超然的心情，得失与我如浮云。那样才能使我们参透生命的本质，从而修炼成正果。

古今中外，很多名人雅士以平静沉着、生活简朴展现自己高尚的情趣，他们万籁俱寂的心境，使他们专心致志，独享一片幽寂。莎士比亚曾说："河床愈深，水面愈平静。"歌德也说："天才在寂静中形成，在人生的激流中形成特性。"……从而成就他们自己的志向。

宁静可以致远，是大部分人得到的深切体会。但也有一部分人曲解了老子的"清静，无为"的思想，这是不正确的，大家都知道"磨刀不误砍柴工"的道理，我们处在这个百业俱兴、琳琅满目的社会里，处处都有吸引眼球的诱惑，好像我们能够静下心来，喝一杯清茶，下一盘棋也是一种奢望。其实，我们时时备战的心态需要休息，我们每个人如果在繁忙的间隙，去进行"宁静"一番，以确保自己处于更佳的挑战生活的心态，使自己活得轻松一些，这难道不也是一种愉快，一种致远吗？

▲乐观战胜一切

在我们的人生中不可能不会遇到一些挫折和苦难，这是在所难免的，但只要我们能够常常保持一种积极乐观的心态，以微笑来迎接人生的一切，那么，风雨的背后一定会是绚丽的彩虹和朗朗的晴天。

人的一生，就像一次旅行，沿途既有数不尽的坎坷泥泞，也有看不完的风景。我们既要坦然地享受幸福、快乐、希望、阳光……也要学会坦然地面对忧愁、绝望、不幸、黑暗……

一般来说，在面对人生精彩的一面时，我们都能以微笑迎接，可是当我们面对人生那些不可避免的哀愁时，我们同样也要以微笑迎接。

以前，希腊有一个大政治家叫狄摩西尼。天生的不幸，使他的齿唇上留有缺陷，说话含糊不清，很难与人沟通交流，这令他很苦恼。为了纠正自己的这个毛病，狄摩西尼找来一块小鹅卵石含在嘴里练习说话。有时跑到海边，有时跑到山上，尽量放开喉咙背诵诗文，练习一口气念几个句子。长时间的练习，石子磨破了他的牙龈，每次都弄得满嘴是血。血染红了他嘴里的那块石头。但这些困难并没有使他放弃练习，一直练到口齿流利，能侃侃而谈为止。

我想狄摩西尼的故事之所以感人，是因为他在用意志与躯体抗争，用美好的愿望与不幸的缺陷抗争……其实，幸福和悲哀仅有一墙之隔，作为我们来说，总希望自己奔向幸福的一边，但生活是可以转化的，有时我们不可避免地走在了悲哀的路上，这时，我们的意识总会萌生出一些美好的愿望，我们不妨循着这条美丽的线索，去寻找自己的春天。有些时候可能有自身的负面情绪和缺陷束缚着我们通往愿望的脚步。通常，我们总会在自己的内心较量一番。

而较量的结果大概只有这样两种：一种是行动伴着愿望一起走，一种是美好的愿望枯萎在束缚的泥潭里。

有两个姑娘，她们一个叫艾美，是美国人；另一个叫希茜，是英国人。她们聪明、美貌，但都有残疾。

艾美出生时两腿没有腓骨。一岁时，她的父母做出了充满勇气但备受争议的决定：截去艾美的膝盖以下部位。艾美一直在父母怀抱和轮椅中生活。后来，她装上了假肢，凭着惊人的毅力，她现在能跑，能跳舞和滑冰。她经常在女子学校和残疾人会议上演讲，还做模特，频频成为时装杂志的封面女郎。

与艾美不同的是，希茜并非天生残废。她曾参加英国《每日镜报》的“梦幻女郎”选美，一举夺冠。1990年她赴南斯拉夫旅游，决定侨居异国。当地内战期间，她帮助设立难民营，并用做模特赚来的钱设立希茜基金，帮助因战争致残的儿童和孤儿。1993年8月，在伦敦她不幸被一辆警车撞倒，造成肋骨断裂，还失去了左腿。但她没有被这一生活的不幸击垮。她很快就从痛苦中恢复过来，康复后她比以前更加积极地奔走于车臣、柬埔寨，像戴安娜王妃一样呼吁禁雷，为残疾人争取权益。

也许是一种缘分，希茜和艾美在一次会见国际著名假肢专家时相识。她们一见如故，情同姐妹。

虽然肢体不全，但她们都不觉得这是多么了不得的人生憾事，反而觉得这种奇特的人生体验，给了她们更加坚韧的意志和生命力。她们现在使用着假肢，行动自如。只有在坐飞机经过海关检测，金属腿引发警报器铃声大作时，才会显出两位大美人的腿与众不同。

只要不掀开遮盖着膝盖的裙子，几乎没有人能看出两位美女套着假肢。她们常受到人们的赞叹："你的腿形长得真美，看这曲线，看这脚踝，看这脚趾涂得多鲜红！"

艾美说："我虽然截去双腿，但我和世界上任何女性没有什么不同。我爱打扮，希望自己更有女人味。"

这对姐妹几乎忘了自己是残疾人。她们没有工夫去自怨自艾，人生在她们眼里仍是那么美好，她们在人们眼中也是美好的。也有异性在追求她们，她们和别的肢体健全的姑娘一样，也有着自己的爱情。

当人生的不幸来临时，艾美与希茜用毅力和微笑去面对生活，同样也迎来了精彩的生活和人生。

世上没有相同的人生，这是上帝的杰作，他绝对不会出现自己重复的作品，而导致了我们每个人的人生经历是不同的。上帝对待每个人的命运也不总是一碗水端平，常常总会赋予很多人以各种坎坷和灾难。

但天无绝人之路，上帝为你关闭一扇窗的同时，也会为你开启另一扇窗。关键是我们不要在被已经关上的那扇窗前伫立太久，我们的心中也不要死守一些陈旧的伤疤，我们不要说，生活如何如何残酷，如何如何不公，我们应该问一下自己：我找到了上帝为我们开启的另一扇窗吗？其实它就在我们的身边，我们可以通过它，然后高抬起自己的头，用一双智慧的眼睛，透过岁月的风尘寻觅到灿烂的繁星。

当我们处于人生的黑暗时，最好永远不要指望靠他人的同情和唏嘘来加以衬托自己的穷途末路，我们应该鼓起自己的力量，勇敢执著地去面对。否则，我们虽然得到了短暂的心理安慰，但最后的结果还是别人的鄙视和厌恶。所以，我们的心就不要被烦忧和沮丧取代，因为如果因此而干涸了心泉，失去了生机，丧失了斗志，我们岂能成就辉煌？

所以，我们永远要保持一种乐观向上的心态，坦然地看待自己眼前所发生的一切，即使是四面楚歌，背水一战，我们也一定要期待着“柳暗花明”的那一天。这时，我们不妨苦中作乐，风雨中磨砺，找到生活的趣味，经过长久的忍耐和拼搏之后，我们最终迎来的将是鲜花和掌声，另外还有人们的饱含敬意的目光。

人生中既会有风雨，也会有阳光，这是人生不可避免的法则。我们渴望阳光的同时，生活有时不免会捉弄我们去面对风雨。但我们不要泄气和悲伤，那样只会埋没了自己东山再起的锐气。我们要学会冷静地看待人生，一时的挫折并不意味着整个人生都是苦苦挣扎，只要我们能够保持一个乐观的心态，生活的美好就一定会在前方展现。

▲懂得感恩让生活更美好

感恩是一种积极心态，也是生活中的一种积极态度，同时也是一种宽容和豁达，世上存在的一切都有值得我们感恩的地方。心怀感恩的人，他们总能看到事物好的一面，总能驱使着发现美好的东西，他们的人生往往美好而快乐。

一天，在乡间的一条小路上，一位乡下汉子过桥时不慎连人带车一头栽进一丈多深的河水中。谁知，一眨眼工夫，这位汉子像游泳时扎了一个猛子般从水里冒了出来，围观的人赶紧将他拉了上来。上岸后那汉子竟没有半丝悲哀，却哈哈大笑起来。

人们都很惊奇，以为他被吓疯了。于是有人好奇地问他："何故发笑？"

"何故发笑？"汉子停住反问，"我还活着，而且连皮毛都没伤着，这难道不值得发笑吗？"

是啊！什么事情都不如活着美好，假如生命没有了，一切的追求都不复存在，一切的希望也无从谈起。栽进河里的汉子感恩的欢笑难道不值得我们借鉴和学习吗？

人生道路是一条美丽而曲折的幽径，需要我们用心思感受和发现它，用心珍惜生活的乐趣，享受前人带给我们的高度文明。感恩是爱和快乐的源泉，如果我们能够做到对生命中的一切都心存感激的话，便一

定能体会生活的幸福和美好，能使人世间变得更加温暖。

康德说，即使仰望夜色也会有一种感动。这是怎样的一种胸怀，人活在世上再没有比活着更值得庆幸的。明白了这个道理，人生才会充满感恩，才会充满欢乐。不懂得感恩，生活便会黯然失色，没有一点滋味，而拥有感恩之心的人，他会拥有一个健全、快乐的人生。

感恩会给我们带来很多生活的快乐，为生活中的一切而感恩，为生活中的一切而快乐，让我们充满幸福、满怀信心地生活着。

有一次，美国前总统罗斯福家被盗，少了很多东西，一位朋友闻讯后，连忙写了一封信安慰他，劝他不必太在意。罗斯福给朋友写了封回信："亲爱的朋友，谢谢你来信安慰我，我现在很平安。感谢上帝，因为第一，贼偷去的是我的东西，而没有伤害我的生命；第二，贼只偷去我部分东西，而不是全部；第三，最值得庆幸的是，做贼的是他而不是我。"对任何一个人来说，被盗绝对是一件不幸的事，晦气又恼火，而罗斯福却找出了感恩的理由。

英国作家萨克雷说："生活就是一面镜子，你笑，它也笑；你哭，它也哭。"我们常常忽略周围一切细微的事物，其实生活的环境中皆隐藏着许多美妙的事物。如果你不感恩，只知一味地怨天尤人，那你最终可能一无所有，而如果你能感恩生活，生活就将赐予你无限灿烂的阳光！

在许多人看来，只有过得幸福、快乐的人才会有恩可感，其实，一个人活得幸福不幸福，快乐不快乐，并不在于财富的多少，地位的高低，或成就的大小，而在于他用一颗什么样的心来看待自己和自己周围的世界。

如果总觉得别人欠你的，从来不想到别人和社会给你的一切，这种人心里只会产生抱怨，不会产生感恩。有些人，在得到了金钱、地位、名誉之后，在鲜花与掌声之中，并没有我们想像中的那么幸福。他们整天叫苦连天，口口声声说老板不理解他们，同事不理解他们，下属不理解他们，客户不理解他们，就连父母、妻子、孩子也不理解他们。这其实就是一个心态的问题。有位哲学家说过，世界上最大的悲剧或不幸，就是一个人大言不惭地说，没有人给我任何东西。

常怀感激的人，他们懂得“人靠人活着”这样一个言简意赅的道理，因而对自己得到的一切心存感激。他们感谢父母给了自己生命，让自己来到这个五彩缤纷的世界，感谢他们把自己抚养成人；他们感谢亲人，是亲人的理解和包容使自己享受到了无微不至的关怀，得到了爱的理解；他们感谢师长朋友，为自己的成长倾注了心血；他们感谢自己，是自己的艰苦努力和善德善行，换来了生活的依靠和世人的抬爱高看；他们感激自然界的日月星辰、山川河流、蓝天白云、红花绿草和飞鸟游鱼，是他们养育了自己，愉悦了自己，使人生变得五彩斑斓，让人爱恋；他们感谢上苍，感谢生活中的一切，因为，活着本身就是一种最大的恩赐。

感恩的心给人带来满足和快乐，使人生活在幸福之中。一个常怀感激的人即使被人误解或亏待，也会对别人给予理解与宽容，因为他们会想到自己也会受见识胸怀所限，对别人也会有失公平之处。记得台湾作家林清玄曾经写过一篇名为《感恩之心》的散文，文章中作者把自己比拟成尘土当中的一粒沙，那么渺小，那么微不足道，却也感激浩瀚的宇宙赋予了自己生命，感激风沙与吾为伴以至于不孤独，感激自然界的一切让生活充满了快乐——这就是一位社会名流心中的幸福。

感恩是一份美好感情，是一种健康心态，是一种良知，是一种动力。人有了感恩之情，生命就会得到滋润，并时时闪烁着纯净的光芒。

世界对任何人都是公平的。在每个人诞生的那一天，都会收到一件极其贵重的礼物，那就是全世界。这里面装满了作为人所需要的一切，不仅有美好的东西，也有许多丑陋的事情。它既有很多的奇迹，也有许多的无奈。然而，这正是它的意义所在，这就是生活。

在生活中，我们不能否认鲜花与荆棘相伴，也不能否认阳光与风雨同在，更不能否认成功与失败并存。因此，人生并不是一帆风顺的。人生不如意事十之八九，有时你会四顾茫茫陷入绝境、孤立无援。面对此种状况，有的人因此怨天尤人、满腹牢骚。更有甚者，从此意志消沉、萎靡不振。

人生中无法改变和预测的事情的确太多了。但是，只要我们常怀一颗感恩的心，勇敢地面对生活中的坎坷，坦然接受命运的挑战，豁达处理，坚持再坚持，就会让你在“山重水复疑无路”时，体会到“柳暗花明又一村”的惊喜。

无论生活还是生命，都需要感恩。只有常怀一颗感恩的心，你才能越过冷漠与麻木，在享受父母和朋友的关怀与关心时，不会觉得是理所当然，也会试图用爱回报这个世界。常怀一颗感恩的心，你才会不埋怨、不退缩，用自己的方式顽强地生活。也才会更加知足惜福，才会发现这个世界是如此美好。

感恩，让我们以知足的心去体察和珍惜身边的人、事、物；感恩，让我们在渐渐平淡麻木了的日子里，发现生活本是如此丰厚而富有；感恩，让我们领悟和品味命运的馈赠与生命的激情。

如果你有一颗感恩的心，你会对你所遇到的一切都抱着感激的态度，这样的态度会使你消除怨气。早上起来的时候，你看到窗外的阳光，你会感恩。吃一块面包，你会感恩；接到朋友的电话，你会感恩；在树上看到一只鸟在唱歌，你会感恩；看到猫咪睡在你的床头，你会感恩；然后你的一天乃至你的一生，就在这感恩的心情中度过，那你还有什么不幸福的呢？

感激每一片阳光，每一阵清风，每一朵白云，每一块绿茵，每一茎野花，每一场暴雨，每一片冬雪，每一棵树，每一叶草，每一个动物，是它们带给我们好心情，是它们让我们体会到自然与生命的美妙。

▲勇于改变生存状态

人生不可能是永远的一帆风顺，当我们无法改变外在环境时，要想跨越人生中的障碍，取得某种突破，往往需要一定的勇敢，需要一定的魄力，通常，我们换一种思考模式，积极地转换自身的一些思想误区，就会有新的收获。

有一条河流从遥远的高山上流下来，经过了很多村庄与森林，最后它来到了沙漠。它想："我已经越过了重重的障碍，这次应该也可以越过沙漠！"

可是，当它决定越过沙漠的时候，河水却渐渐消失在泥沙当中，它试了一次又一次，总是徒劳无功，于是它灰心了，颓丧地自言自语道："也许这就是我的命运了，我永远也到不了传说中那个浩瀚的大海。"

这时候，沙漠低沉的声音响了起来："如果微风可以跨越沙漠，那么河流也可以。"

小河流很不服气地说："那是因为微风可以飞过沙漠，可是我却不行。"

"因为你一直维持原来的状态，所以你永远无法跨越沙漠。你必须让微风带着你飞过沙漠，到达你的目的地。只要你愿意，你可以放弃你现在的样子，让自己蒸发到微风中。"沙漠继续说道。

小河流惊恐地说："放弃我现在的样子，蒸发到微风中？不！不！

那不是等于自我毁灭吗？”

“微风可以把水汽包含在它之中，然后飘过沙漠，到了适当的地点，它就把这些水汽释放出来，于是就变成了雨水，这些雨水又会形成河流，继续向前进。”沙漠耐心地回答。

“那我还是原来的河流吗？”小河流问。

“可以说是，也可以说不是。”沙漠回答，“不管你是一条河流还是看不见的水蒸气，你的本质不会改变。你之所以坚信自己是一条河流，是因为你从来不知道自己的本质。”

此时小河流的心中，隐隐约约地想起：自己在变成河流之前，似乎也是由微风带着，飞到内陆某座高山的半山腰，然后变成雨水落下，才汇成今日的河流。于是，小河流化成水蒸气，投入到微风的怀抱之中，奔向它生命中的归宿。

这个寓言故事告诉我们，人生不可能有坦途，当我们无法改变外在环境时，要想跨越生命中的障碍，取得某种突破，往往需要一定的魄力，换一种思考模式，积极地转换自身的生存状态。

我们所生活的这个世界上，没有一丝不变的环境与事物，每个人随时随地可能都需要转换生活方式、生存环境、生存角色、生存意识。如果始终拘泥于一种思考方式、一个固定的位置，就会成为井底之蛙，看不到更广阔的空间，得不到更大的发展。

有一家公司的主管，在一次培训课上，用一幅图诠释了一个人生寓意。

他首先在黑板上画了一幅图：在一个圆圈中间站着一个人。接着，他在圆圈的里面加上了一座房子、一辆汽车、一些朋友。

主管说："这是你的舒服区。这个圆圈里面的东西对你至关重要：你的住房、你的家庭、你的朋友，还有你的工作。在这个圆圈里头，人们会觉得自在、安全，远离危险或争端。现在，谁能告诉我，当你跨出这个圆圈后，会发生什么？"

教室里顿时鸦雀无声，一位积极的学员打破沉默："会害怕。"

另一位说："会出错。"

这时，主管微笑着说："当你犯错误了，其结果是什么呢？"

最初回答问题的那名学员大声答道："我会从中学到东西。"

主管说："正是，你会从错误中学到东西。当你离开舒服区以后，你学到了你以前不知道的东西，你增加了自己的见识，所以你进步了。"

主管再次转向黑板，在原来那个圆圈之外画了个更大的圆圈，还加上些新的东西，如更多的朋友、一座更大的房子，等等。

"如果你老是在自己的舒服区里头打转，你就永远无法扩大你的视野，永远无法学到新的东西。只有当你跨出舒服区以后，你才能使自己人生的圆圈变大，你才能把自己塑造成一个更优秀的人。"主管说道。

人生是一个圆圈，在这个圆圈里有固定的属于自己的舒服区。如果不走出这个舒服区，人生的圆圈就只能那么大；只有勇敢地跨出自己的舒服区，才能拓展自己的人生，也才能得到更多的东西。

所以，我们无论是处于顺境，还是处于逆境，只有勇敢地去面对，积极地采取坦然和克服的心境，才能在未来的世界中立于不败之地。所以，特别是逆境来临的时候，我们要积极勇于面对，及时找到解决问题的方法，调整好自己的前进步伐。

第九章

出奇产生影响力

人类个体自身的成长也是这样，唯有不断地创新，不停地探索新奇的发现，自己才能脱颖而出，这是一个人成功的关键。

▲“奇”就是创新

什么是奇？奇就是人们没有见过的事物，那些不曾被人们熟识所知、令其感到惊叹的东西。奇即少，就是与众不同。它的实质其实就是创新。

如果一个人想要自己的一生不平凡地度过，那就得出类拔萃，只有在某一领域出类拔萃，有了一些令世人瞩目的成就，才能得到人们的认可。如何才能做到这一点呢？那就是自己的一生要为社会的发展和进步有所创造，创造性是人们认为最有价值的一种能力。有了创造就等于有了自己的价值。一个人如果要开发这种创造性的话，那就需要在创新上作足文章。

在人类社会实践活动中，唯有具备创新的精神和意识，我们才能运用创造性思维和创造性劳动去认识和改造世界，从而为人类谋福利。成功的人生都有一些共同的创造性品质，人类永远不会满足于既有的知识和经验，总喜欢别出心裁，研究出来一点奇怪的新花样。所以，创新应是成功素质的核心。

因此，我们现在很多人都喜欢自己独立的个性，有些人甚至有一些特立独行，而不愿意跟在人家屁股后面人云亦云。面对权威，也愿意自己探索独特的人生途径。所以，新奇的东西是他们的追求，他们能够在生活中敢于冒着生命的危险去索取所要的新奇事物，即使是暂时的失败也无怨无悔。这些人愿意出奇制胜，为人类在征服自然的过程中独辟蹊径。

所以，我们追求新奇的东西，其实是自己要独自创新。而对于那些人们已经咀嚼过的东西，人们不想再为它付出精力。

人们要想有所成就，就要使自己有所创新，有所别出心裁。因为人类成员之间的智商其实是没有多少差别的，但社会并不能让每一个人都能出人头地。但那些智勇双全的人总会采取标新立异的做法，营造出自己的影响力，从而让自己在历史上留下自己的一页。

▲人要有创新意识

任何杰出的人物，都有“两把刷子”，这“两把刷子”就是自己独有的创新意识，接着他们把创新意识形成创造性思维。然后他们以积极的行动兑现了这种意识。所以他们脱颖而出了，成了有影响力的人物。

创新意识是人类意识活动中的一种积极而富有成果性的意识，它是形成创造性思维的前提，创造性思维又是创造性活动的指导思想。在人们的社会实践活动中，人们非常重视创新的开发。因此人们经常开展创新意识的培养活动。从而激发了人们进行创造性活动的内在动力。

以前，“超级稻”一直是世界种子专家的梦想，按照当时国际最认为可行的理论是：从水稻形态上改良成大穗、小叶片的超级新株型的水稻。他们为此付出了很多努力，但他们都一一失败了。

我国袁隆平院士有自己的创新意识，并对当时的理论提出了质疑。最后袁隆平提出水稻有杂交优势的新论点，从而打破了世界性的自花授粉作物育种的禁区，即我国自己的超级稻新株型。它结合了水稻亚种间杂种优势利用。他这一创造性思维迅速地推动了我国水稻杂种事业，使我国的杂交水稻研究和利用一直保持在世界先进水平。结果是，虽然只经历了短短10年，而最早开始研究“超级稻计划”的日本，他们国家的水稻亩产仅在440公斤的水平上徘徊时，中国已接连实现亩产700公斤和800公斤的目标。

不落窠臼、勇于践行自己的创新意识，使袁隆平院士的杂交水稻一直保持着世界先进水平。1998年，在我国首次对农业科学家品牌评估时，袁隆平的品牌价值达到1000多亿元，成为中国农业第一品牌，也使他成为一个令世界为之震惊的农业科学家，

现在，虽然人类在和大自然抗争的过程中取得了一些胜利，但人类还有很多领域没有发现，还有很多美好的事物没有发明。这些都需要我们人类以创新意识去探索，然后再付诸实践。那些为人类科学事业做出很大成就的人，都具有很强的创新意识，都具有一种勤于探索的精神，这也是成功人士所共有的特质。

现在的企业如果想要在激烈竞争的市场经济中胜出，就必须不断探寻自身发展和获利的机会，如果没有强烈的创新意识也是难以立足生存的。企业的创新必然来自个体的创新，即人的创新。

如果企业中的一个人不具备创新意识，他就只能重复前人的劳动，而不会有自己的成果，也就不会打造出自己人生的辉煌。如果一个人具备了这种创新意识，并产生浓厚的兴趣，他就能以一种永不满足的精神去追求。当然光有创新意识也不行，还要有创造性的行动。很多人可能受自己长期的传统习惯、社会教育而在客观或主观上抑制了创造性活动。所以我们还要善于打破自身的束缚，独辟蹊径，把自己的创新意识彻底地推向成功的实践。

总之，人们只有有了创新意识，才能开始踏入成功的大门，而没有创新意识，成功的大门休想迈进一步。如何才能培养创新意识呢？

1. 要善于发现新的问题

如果一个人在瞬息万变和险象环生的市场经济中寻找到别人还没有发现的机遇，或者找到别人看到也正在利用，但并没有充分利用的机遇，或者找到别人看到过并也利用过但以后又放弃利用的各种机遇，这就说明他具备了创新的意识。他只需把这种意识落实到行动中变为创造性活动就可以了。

2. 对已有的成果进行再创造

如果一个人能捕捉并正确利用已经被别人发现利用的机会中蕴含着一系列的创造行为，而别人还没有发现，这也说明你是对这种事物的再创新。你再付出行动就可以了。

3. 事情都有自己的软肋，只要用心总能有新的收获

如果一个人在进行劳动实践的过程中，总会有新的发现，这也能说明你很有创新意识。关键是你要勇于把它变为现实。

4. 不要迷信权威

当我们有了自己的问题时，特别对一些权威已经论证过的东西，我们如果确定自己表示怀疑时，就不要放过疑点，一探到底。比如：亚里力多德的重力理论被科学家伽利略给推翻了。

5. 遇事多问为什么

要想有创新意识，我们平常要养成勤于思考的习惯，正如巴尔扎克所说：“问号是开辟一切科学的钥匙。”一切成果性的东西都始于人们的疑问，有了疑问就等于有了矛盾，有了矛盾就要想如何解决，解决了，成果就出来了。

▲毛遂自荐

如果一群人在整齐画一的步调下，即每个人才能和条件都差不多的情况下，这时，想要脱颖而出，就一定要勇于做那个肯第一个吃螃蟹的人。这样做的结果，使事情往往都能获得成功，毛遂就是一个典型的例子。

在战国时期，秦国大将白起在长平大胜赵国的军队，秦军乘胜追击，一直追到赵国的都城邯郸城下，大军把都城团团围住，赵国处于危急之中。这时，赵王命令春秋四君之一的平原君去楚国请求出兵解围。

平原君把门客一一找来，打算挑选20个文武全才的门客一起去楚国。经过他的再三挑拣，最后还缺1人，这时，有个叫毛遂的门客自我推荐，说："把我也算进去吧。"平原君经不住毛遂的再三请求，最后才勉强允许了。

到了楚国后，楚王只会见平原君一个人，他们两个坐在大殿上从早上一直谈到中午，迟迟没有结果。

毛遂终于按捺不住了，于是大步跃上大殿，在远处对着楚王大叫起来："出动军队的大事，如果没有利，就会有害。如果有利，就会无害。这是简单而明白的道理，为什么迟迟下不了决心呢？"楚王听了，非常生气，问平原君："此人是谁？"平原君说："他叫毛遂，是我的一个门客。"楚王大声喝斥："难道你没有看见我和你的主人在商量

吗？还不赶快退下。”毛遂见楚王如此，不仅不退，反而再跨上大殿几个台阶，手紧握宝剑，说：“在这十步之内，大王的性命在我的手里了。”楚王顿时吓出了一身冷汗，不敢再呵斥毛遂，毛遂趁机把出兵援助赵国有利可图于楚国的道理，作了精彩的分析。就这样，毛遂的一番话说得楚王心服口服。几天后，楚、魏等国联合出兵抗秦援赵，秦军被迫撤退了。后来，毛遂被平原君奉为上宾。

这就是毛遂自荐的故事，它为什么会源源流长到现在，对我们现在的人还有很大的启发？原因就是因为有它自己存在的价值。毛遂的成功就在于自荐，在当时来说，他的举动也是一种很奇怪的行为，在当时社会，他是一个敢第一次吃自荐螃蟹的人。

毛遂自荐的精神确实值得称道，但自荐人的前提是要有真正的本领，能够确保自己对事情十拿九稳的情况下才能勇于挺身而出。否则，不仅不会解决问题，反而会弄巧成拙、草包露馅，甚至丢掉性命。

在后来的社会中，敢于“毛遂自荐”的人物，东方朔也算得上一个，他就是用自己独特的自荐术打动了汉武帝。

汉武帝刘彻即位以后，大展作为，他贴出榜文：让那些具有贤能的人自荐做官。不久，就有上千人上书自荐。这些自荐者都以一种简单的上书方式，但大都没有吸引住汉武帝的眼球。但当东方朔的上书呈现在武帝眼前时，汉武帝的眼睛睁得老大，顿时有了一种别样的神采。

《汉书》中记载了上书的一段：

“朔少失父母，为兄嫂所养。十三而学文史之用；十五学剑；十九请孙武兵法……所读共二十二万言；臣勇若孟贲，捷似庆忌，廉如鲍叔，信如尾生，如是，则足以为天子之臣矣！”

汉武帝看完以后，情不自禁地说了一句：“真是有趣得很哪！”当即把东方朔召进皇宫，东方朔的上书成功了。

从中可以看出东方朔的上书，既自信又大胆，敢与前贤相比。我们说话办事何以成功，幽默风趣，思维敏捷，文采出众，通过精彩的自我介绍突显自己的价值与个性，树立一个鲜明的形象，达到与对方的情感沟通与融合。只要得到对方默认，成功就在眼前了。

在当今这个竞争激烈的时代，人人都想着脱颖而出，早出山早得利嘛！如果你是一个“真有两把刷子”的人，而又想自己在其他人还没有显赫之前夺得先机。最有效的方法应该是毛遂自荐了。

如果你确信自己有了一定的能力，而又不愿意老是居人之下，上司不给机遇，怎么办？那你自己要善于创造机遇。即使我们才高八斗，志如“韩信”，但毕竟世上的“萧何”不多，必要的时候，我们也要毛遂自荐一下，说不定你的上司会给你一个大展身手的机会。

当然也不是所有的毛遂自荐都能成功，最起码的是你要有担当那个事物的资格才能去做。特别是这个“荐”的成分要适度，一旦“荐”得过火，也会惹得上司满腔怒火，比如，有的人自我评价言过其实，自吹自擂。有如三国演义中的那个叫弥衡的人，不可一世，他把曹操所有的良才猛将全都骂了个狗血喷头，后果可想而知，最后还不是被别人砍了脑袋。所以，一个敢于毛遂自荐的人也要掌握一些沟通技巧，掌管你命运的上司只有认为合情合理，才能接受你的自荐。

▲“神秘”的魅力

对一些事物来说，没有比神秘的特质更能影响公众了。即使是那些普通的事物，它们一旦披上“神秘”的面纱，人们就会倍加珍视和推崇，为什么呢？因为人们所需要的就是那种神秘的感觉。

一般来说，神秘的事物总会给我们留下无穷探索的欲望，我们对它好奇和发痴，有时会使人们魂不守舍，或者为此疯颠。有的人为了它甚至会付出生命。神秘给我们以幻想的美妙，给我们思考，给我们兴奋，还给我们一种思维被折磨得迷茫的快乐。

在此，笔者给读者谈谈UFO吧，人类在没有彻底揭开UFO的神秘面纱之前，UFO始终地在人们的心目中是一个永久的话题。只要我们一看到有关UFO的报道，我们就为此兴奋，为此痴迷，因为我们人类的特性总是向往神秘的事物，于是很多的UFO研究中心成立了，这些研究中心把UFO演绎得玄之又玄，所以有关UFO的各种虚幻被好奇的人们所津津乐道着。它对今天的人们来说还是一个未知的谜，可见，人们对神秘的迷恋是多么深了。当然，随着科学的发展，一旦人们揭开了UFO的西洋镜之后，相信各种神秘的传闻便会戛然而止。

古代帝王为了维护自己的权位，让老百姓服从自己的统治，往往会给自己披上一层层神秘的面纱，给自己塑造一个神圣的形象，让老百姓去顶礼膜拜。他们常常把自己比作天子，即上天的儿子，老百姓不能造反，造反就是和上天过不去，就是反天，反天的结果是什么呢？在迷信的封建社会，反天就会遭到天打五雷轰的下场。帝王将自己神化，通过愚化百姓达到自己的长久统治。

神秘，神秘，无尽的神秘，牵引着人们的神经，使人们既害怕，又向往。神秘有无穷的魅力，我们的思想或许被一些自认为神秘的东西占据着，说不定又是另一种幸福。

如果我们要想把一些事物推广到人们的视野中，也不妨披上一层神秘的面纱。或许会有意想不到的效果，正如下面的故事。

在很早的时候，高产而又有着顽强生命力的马铃薯传入了法国，过了很长时间，马铃薯却没有得到推广种植。因为法国的人们对马铃薯存有一种根深蒂固的偏见，医生认为它对人体有害，农场主认为它会耗尽土地的肥力，祖父们则把它称作“鬼苹果”。

那时的法国有一个叫帕尔曼的农业专家，经常吃这种被人们称作“鬼苹果”的马铃薯。他以一个农业专家的自信，认为种植这种高产的马铃薯对农业有着极大的意义。

为此，他做了相当多的努力，花了很长的时间推广这种“鬼苹果”，但都失败了，他没有说服当地存有传统观念的任何人。他知道自己要改变一下方式了。

有一天，帕尔曼幸运地见到了国王路易，他用“做试验”的借口趁此向国王要了一块贫瘠的地皮，好在国王答应了他。

于是，帕尔曼就在这块不被看好的土地上种植了马铃薯，然后请国王派了一支全副武装的卫队进行保护。只是让卫兵白天值守，晚上就撤回去。

如此频繁的举动，吊足了人们的胃口，令当地人感到非常神秘。越是认为神秘的东西，人们愈发地想得到它。地里种植的高产抗病的马铃薯一时被人们视为伊甸园的禁果，每到晚上的时候，人们屡屡光顾，然后将它们移到自家的地里，而且他们还对它精耕细作，几乎天天细心照看，盼望着马铃薯能获得丰收。

后来，偷栽的人越来越多，丰收后的马铃薯的很多优点也逐渐地被人们认识。它迅速推广开来，成了法国最受欢迎的农作物之一，也给法国带来了巨大的经济利益。

如果帕尔曼不转变推广的方式，不给马铃薯以一种神秘，法国人则不会从马铃薯的诸多优点中受益。因此，神秘具有无限的魅力，它可以改变人们的心理。

神秘虽然如此有效，但也不能滥用，不能以骗人为前提。如果是一种毫无价值的事物，即使披上了神秘的面纱，而一旦被人们揭开之后，受到愚弄的人们就再也不会相信它，甚至会遭到人们的唾弃和反感，反而会认为那是毫无意义的鬼把戏。

所以，神秘有魅力，它的面纱应该披在有价值的事物身上，两者相得益彰，让人们感到有价值，有好的影响。

▲踏入别人未涉足的领域

俗话说：吃别人嚼过的食物没有味道。同样，走别人走过的路没有意义。所以，我们应该勇于涉足别人未到的领域，说不定会有一些未被发现的宝藏在路中等着我们。

如何才能踏入别人未被发现的领地，这就要求我们去想一些别人所不敢想，做别人未做过的事情。一些反思和逆向思路则会让你有这种发现。

在这方面，西班牙的航海家哥伦布深知这个灵验而奇怪的理论：他认为别人越是不可能做成功的事情，真要做起来很可能会顺利一些。

哥伦布在很小的时候，就认为地球是一个球体，为此他在做着自己的努力去证明这一点。而那时的人认为，人类绝对不可能从西方到达富庶的东方，如果从西班牙向西航行的话，不出500海里，就会掉进无尽的深渊。哥伦布当然不相信这个观点。

1485年，他到葡萄牙国王那里去游说："其实我们从此向西走，走到一定的距离后，也能到达东方，如果你们肯拿出钱来支持我的话，就一定能证明这些事实。"葡萄牙国王没有答应他，认为他是一个骗子。于是哥伦布又到西班牙国王那里游说，西班牙国王也没有答应他。哥伦布并没有因此而灰心，尽管后来他接二连三的碰壁，奔波的同时也花掉了他的积蓄。他只好向朋友伸手，但很多朋友把他当做疯子，不阻止、不支持、更不相信他。

最后，哥伦布终于等到了一个机会，西班牙皇后经过哥伦布的一个朋友劝说，答应支持哥伦布去冒险，万一哥伦布这个计划失败，她也就是损失一点小钱。

哥伦布以坚定的毅力和沉着，感染着跟随他的水手们，大家齐心协力地与风浪搏斗，没有多久就迎来了曙光，他们在美洲大陆插上了西班牙的国旗。

虽然哥伦布航海中遇到一些挫折，但他用行动证明了：踏入别人未涉足的领域，事情可能做起来或许更顺利些，他的话在今天看来，对于我们的发展同样有着积极的意义。

有的人认为，生命应该是多姿多彩的，我们每个人都应该有各自不同的生活。一个真正有创造力的人不会重复别人的生活模式，即使看起来是多么富足的生活，我们的人生应该充满着自己的追求，每个人应该以一个开拓者的身份义无反顾地挑战自己的未来。

生活中，有很多人从没有自己的立场，别人怎么说，他们也就跟着人家屁股后面怎么说，当不同的人说着不同立场的话的时候，他们就分不清、辨不明了，他们会在不同立场观点之间游移不定。而一旦遇着利益，他们争先恐后，比谁跑得都快。他们对待工作因循守旧，人云亦云，这种人不会有大的发展前途，混日子、和稀泥应该是他们的强项。他们的人生也只能是平庸低俗的人生。

每个人的人生应该是千姿百态的，因而构成社会发展的复杂性。那些人生充满传奇色彩的人物，他们个个都是神勇，他们不愿意过那种一天天循环固定的生活，不愿意过那种天天守在办公室，做着单调而又重复的劳动，他们认为那种看似稳定而没有激情的生活实在没有意义，那样的生活其实只是一天的生活而已，只不过周而复始地重复着罢了，真正有意义的人生应该是充满冒险的人生，应该是去做别人没有做过的事情，尽管看起来困难重重，但他们以苦为乐、乐此不疲。

有一位对禅学很痴迷的朋友对笔者常常谈经论禅，有一次我干脆说他："既然你如此信佛，干脆出家算了。"这位老兄竟说："要想成为佛，不一定非得做和尚呀！"我听完，深有感触，由于禅的博大精深，信笃佛学的人也为数不少，就连那贵为天子的皇帝也常以佛爷自称，他们应是不披袈裟的和尚。他们走的是一条和尚们所没有走过的路，他们有的执掌权柄，有的是很开明的统治者，慈悲为怀，不滥杀无辜，公正无私。这难道不是一种作为和对黎民百姓的一种福音与心中的"佛"吗?

如果你想踏入别人未涉足的领域，就应该独辟蹊径，去走那些别人没有走过的路，你肯定会看到别人未曾见到过的美景。

很多的啤酒商都认为，要打开比利时首都布鲁塞尔的啤酒市场很困难。开始的"哈罗"啤酒厂也是如此。

当时的哈罗啤酒厂的市场份额在逐步地减少，而啤酒厂没有钱在电视或报纸上做广告。尽管销售员林达多次建议厂长做些广告，但都被厂长拒绝了。林达决定冒险去做这个事情，于是他贷款承包了啤酒厂的销售工作。但如何去做广告成了林达的心病。当他徘徊到布鲁塞尔市中心的于连广场时，看到广场中心那个撒尿的男孩用自己的尿浇灭了敌人炸

城的导火线而挽救了这个城市的小英雄于连时，林达突然有了主意，决定自己要做一件别人未做过的事情。

翌日，在广场上的人们发现于连雕像的尿由水变成了金黄剔透、泡沫泛起的“哈罗”啤酒。旁边还立着一块写着：“哈罗啤酒免费品尝”的广告牌。如此新意，很快传遍全市，市区四面八方的老百姓都聚集于此，他们拿着自己的瓶瓶罐罐来接啤酒喝。媒体也争相报道这一奇观。

那一年，该厂的啤酒销量一下了增长了近20倍。这个叫林达的小伙子轰动了整个欧洲，成了闻名布鲁塞尔的销售专家。

林达的成功在于他那独特的广告创意。做了一件别人没有做过的事情。

别人没有走过的路未必就充满着艰难险阻，你走了说不定会有意想不到的收获。如果真是这样，我们何不去尝试一下呢？即使前面有一些险阻，经受风雨的洗礼，品尝跋涉的磨练，也未必是一件坏事。

勇于踏入那些别人未涉足的领域还有一个最大的好处就是没有竞争力，只要你能克服了这块领域的本身环境带来的冲击就基本上算是成功了，因为未涉足的领域没有别人设下的陷阱，也用不着担心别人乘虚而入，你可以悠哉而踏实地做事，一直到你所做的事情成功。

▲公正赢得民心

要想影响周围的人，你只有对人公正，顺应民意，才能得到人民的拥护和支持。这其实也是组织工作中领导树立公正形象的出发点。一个对人民公正的人，人民从心底里是感激而又赞赏的。

据说，鲁庄公十年，鲁庄公听说强大的齐国要攻打自己，顿时吓得面如土色，连忙和群臣商议，没有一个大臣能够提出一个可靠的拒敌之策，大家急得都像热锅上的蚂蚁，团团乱转。这时，曹刿求见庄公，他说自己有拒敌之策。

于是，鲁庄公问曹刿说："敌强我弱，我们何以取胜？"

曹刿反问："大王为百姓做了哪些好事，能使百姓和您协作一致地去战胜强敌吗？"

鲁庄公思索了一下，说："我虽对百姓不是十全十美，但还是能时时想到百姓，财物不敢独自享受，还能常常分给他们一些。"

曹刿又说："这也不错！但这只是一些小恩惠，靠这点还不能让百姓和您真心实意地与敌人交战。"

鲁庄公又补充说："当百姓有纠纷的时候，我总是尽可能公正地处理。"

曹刿这才点头赞许说："公正最得民心。只有社会公正，才能赢得人民的支持。"

……

曹刿认为，君主只有公正待民，才能赢得民心。后来，鲁庄公正是靠着百姓战胜了强大的齐国。其实，人民的要求并不高，只要你有一颗公正对待民众的心就可以了。

一个国家是这样，一个人也是这样，只有自己对自己所接触或者有关的人做出公正的对待，才能赢得他们的心，否则，你再聪明，最后机关算尽，可能仍不会逃脱失败的命运。

对于一个社会来说，只有实现了社会公正，人民才能感到自己有说理的地方，才能认为政府是一个负责为民做实事的政府。对于一个领导来说，对自己的员工都能一碗水端平，员工心里才默认自己跟了一个好领导，往后的工作，不用你催促，他们也会尽心尽力地想方设法去完成。有些人常常耍一点小手段，认为必要的时候给人民一点小恩惠就可以了，其实这是不妥的，因为人人心里都有自己的一杆秤，一个社会只有起码的社会公正，民众才不会彻底绝望。一个不得人心的领导，必定要自食其果的。

在我国古代漫长的历史长河中，一般来说，大多数开国皇帝都能了解人民生活的疾苦，每个朝代初期，统治者都能制定一些有利于经济发展的政策，来推动社会的发展，也总能勤政待民，能够保持社会的公正、稳定发展。一个公正的环境才是群体或社会发展前进的良好条件，才能增加凝聚力，创造出超凡的业绩来。这时的状态真是应了那句话：众人一心，其力断金。

一个有理想和伟大抱负的人，如果想要把自己彻底地做强做大，就

需要自己也要保持一颗公正的心，让你的追随者有一个完全归属之心，有一种找到明主的感觉。以后，你的事业何愁不发展，何愁不辉煌？

我们怎么样才能做到公正呢？只有心中有了公正的原则和尺度，才能做到这一点。一个人面对群体或大众应该实事求是，坚持公正的原则，处事不偏袒任何人，即使是反对自己的人也要主持公道，不报私仇，以心换心。也不让那些埋头苦干的人吃亏，形成一个有利于发展的环境。

中华几千年来的文化表明，只有公正才能安民心，一个保持公正无私的人一定会得到广大群众的支持。

唐代有一个叫宋景的宰相，他的性情刚直无私，公正廉明，在百姓中享有甚佳的口碑。在唐睿宗时，他不满于贵族王公任人唯亲，专权和大搞裙带之风，提出了“非才者不取”的主张，而且他不顾一些实权重臣的强烈反对，果断地免去既无德又无才的官吏数千人。

唐玄宗做了皇帝之后，对宋景此举非常赞赏，对他信任有加，委以重任，宋景提出的很多建议都被玄宗采纳。逐渐改变了唯亲信为官吏的恶习，使朝廷出现了比较清明的政治局面。

有一次，唐玄宗把自己用过的金筷子赏赐给宋景。宋景接受了赏赐，却不知道赏赐的原因，就没有对皇帝表示谢恩，唐玄宗说：“赐你金筷，是因为你像筷子一样忠直，而不是因为它是金子的，才赏赐于你。”宋景这才叩头拜谢。

自古以来，人们一直崇尚忠直的品格。皇帝赐给宋景金筷子，并不是因为金子本身的珍贵，而是以筷子端直的形象来赞扬宋景忠直公正的品德。宋景历经五帝，在任52年。一生为振兴大唐励精图治，与姚崇同心协力，把一个充满内忧外患的唐朝，改变为政治、经济、文化、军事处于世界领先地位的大唐帝国，史称“开元盛世”。

现在，包拯何以在老百姓心中深深扎根，就是因为他铁面无私，公正执法。当时，不管是谁犯下罪行，包拯总会秉公办理，毫不手软。据说一次他在庐州做官时，他的堂舅触犯了刑律，被人告到官府，他立刻派人将其缉拿归案。还有一些亲戚，看到这个情况后，全部都收敛了。

在古代有这样一个潜规则：刑不上大夫。百姓犯法，量刑治罪，当官的却逍遥法外。但这样的人一旦落到包拯手里，就没有免刑的特权了。一次，权势很重的王逵在担任转运使时，横征暴敛，民不聊生。民众纷纷起来反抗。后来朝廷平调官职，他也是狗改不了吃屎，照样残害百姓。此事让包拯知道后，他立刻写了一份奏折给皇帝，他说王逵为非作歹，百姓深受其害。朝廷绝不能让这样的人为官，坑害国家和民众。但朝廷没罢他的官，又让他到异地做官去了。

包拯对这种异地做官的处理方式非常不满，当他了解到他曾派人诬告别人，致使数百人受到株连的事情后，又给皇帝上了一个奏折，宋仁宗面对这几次证据确凿的折子，只好把他免职了。

包拯何以千古流传，是因为他在执法的过程所表现出来的贵族和平民百姓一视同仁的公正之心。即使是皇亲国戚也休想打通他的关节。公正公道，使包拯享有了大清官的美誉，虽然很多有关包拯的故事都是虚构的，但这些故事是老百姓向往公正社会的心理反应。渴望着社会公正，使包拯的高大无私的形象一直流传至今。

▲要取信于民

你如果想让更多的人为你服务，那你首先要取信于民，让人民相信你，让人民感觉你可以依靠，能够给他们带来希望。所以，我们在做事的过程中就不要说诳语，有诺必行。这样，你的追随者才会一心一意地为你做事。其实，大众的要求不是那么过分，只需你做出一些有益群体的事来，就可以了。

很多人都听过商鞅移木立信的故事。在战国早期，秦国在各诸侯国中还不强大，当时的魏国就比秦国强许多，还被魏国夺去了大片领土。

在秦孝公即位之后，决心振兴国家，于是广收人才，他发布公告说："不管你是秦国人，还是其他地方的人，只要能使秦国变得强大起来，就让他做官。"此举让在卫国始终得不到重用的商鞅来到秦国，最后得到秦孝公的接见。

商鞅认为，一个国家要富强，首先要赏罚分明，并取信于民，然后改革就容易进行了。孝公非常赞赏商鞅的意见。后来，商鞅起草了一个法令，老百姓会不会信任他，商鞅心里也没有底。为了让民众相信改革，相信新法，商鞅派人在都城的南门立了一根三丈高的木头，并下令说："谁要把这根木头扛到北门，赏金十两。"围观的人一下子多起来，都为此议论纷纷。有的人说："一根谁都能拿得动的木头，赏十两金子，谁相信呢？"还有的人说："这是不是商鞅在开玩笑吧。"大家心里各自揣摩着，我看看你，你再看看我，没有一个前去扛木头的。商鞅见此情景，知道民众还不相信他，就又派人传出话来，说谁要扛这根木头，赏50两金子。疑惑的人们仍旧无动于衷。

人们正在观望的时候，有一个人走出来说："我来试试吧。"说着，他扛着木头走到了北门。商鞅又派人传出话来，赏给扛木的那人50两黄灿灿的金子。

这件事情立刻被民众传了出去，举国轰动。老百姓们说："左庶长的命令不掺假。"

这也正是商鞅所期望的结果，他的命令已经发挥了作用。于是他就把变法的内容颁布了出去。

通过商鞅变法，秦国变得越来越强大起来。

得到民众的支持使秦国变得强大。同样，得到员工的支持使企业变得兴旺。民心是个好东西，一旦聚合众人之力，那将是无人可敌的。

当我们买东西，会经常看到有些商店里说"童叟无欺""公平交易"等等，有了这些，消费者才会感到自己购物时，心态坦然。如果你这样标榜了，也必须做到这一点。

一般来说，一个人一旦失信于民，他的事业或江山就不会保住，到头来必会被人们所抛弃。一个人要想取信于民，就需要有良好的个人品质，对此在第四章已有详细介绍。一个人怎么样才算取信于民呢？他首先要以大局为重，自己承诺给民众的事情，一定要去践行。否则，民众一旦对你有一种上了当的感觉的话，你的发展还会长远吗？

在群雄逐鹿的三国时代，吴、蜀和魏互相攻伐交战，在很长的一段时间内，三个国家尽管战事频繁，但各方却能够维持生存。后来，司马氏建立晋国，晋灭了蜀国以后，天下就分为晋和吴两个国家了。

晋武帝司马炎雄心勃勃，一心想吞掉吴国。他派重臣羊祜掌管荆州的一切军事，驻军在襄阳。羊祜到了襄阳以后，却不把武力讨伐放在重要地位，而是高瞻远瞩，专以宽大仁爱安抚远近的吴国军民，对被俘的吴国士兵，毫不虐待，有愿意回家种田的，一律放回。另外，他还让士兵大力垦荒种田。不过一年，羊祜军中就已经囤积了十年也吃不完的军粮。

自从晋灭蜀后，吴国大为震惊，知道哪一天灭亡也将轮到自己的头上，所以吴在边境线上严阵以待，而羊祜却好像无意动武，每次作战从不使用阴谋诡计，像偷袭、埋伏从不使用。羊祜的手下屡次献计，羊祜总是以盛情款待，献计的人还没有说完就就被羊祜灌醉了。

羊祜休闲时，便常常和手下的将领外出打猎，他们只在晋国的边境线内打猎，有时碰巧猎物是吴人先打伤的，逃到这边来，羊祜就命人把猎物送给吴人。一次行军打仗的时候，进入了吴国的地盘，军中缺粮，羊祜便割吴人的麦子，然后按照市场价留下绢帛给以赔偿。

时间一长，吴人对羊祜施行的安抚政策大为感动，吴人称呼羊祜也发生了变化，直接称他为羊公，吴国的军士归降者源源不断。

当时是吴国的大将军陆抗镇守边境，羊祜经常派兵到陆营通信致意，陆抗也以礼相报，两将的信使往来不断，陆抗常对手下说："羊公专做仁义的事情，如果我们却以非礼相待的话，这仗不用打，我们其实就已经失败了。"于是也严禁将士去侵扰对方的地盘，只是谨慎地镇守住自己的地盘而已。

吴主听说边境两将友好往来，便下诏责备陆抗，陆抗上书说："在乡村和城镇之间还要讲诚信，何况我们大国之间呢。"陆抗非常钦佩羊祜的为人，常把他与乐毅和诸葛亮相比。据说有一次，陆抗生病，派使者向羊祜求药，羊祜就把药交给了陆抗，陆抗刚要服用，众将劝告他不要吃，以防遭到敌方陷害，陆抗笑道："羊祜哪有毒害人的动机？"于是毫不犹豫地服下了药，不久便痊愈了。

其实羊祜表面上不动声色，暗地里却训练士兵，打造兵器。等到时机成熟后，便上奏朝廷，要求发兵攻吴。但晋国的大臣基本上都是主和派，没有采纳羊祜的建议，而失去了一次灭吴的时机。后来羊祜病重死前，还让晋主平吴。羊祜死后两年，晋国大将杜预平定了吴国。这时，得到吴国大片疆土的晋武帝流着泪说："这都是羊太傅的功劳呀！"他派使者来到羊祜的灵位前宣读捷报，以告慰他的在天之灵。

没有动人心魄的阴谋，没有高深的算计，只是安抚了吴人的民心，便使晋国在没有重大伤亡和没有遭到抵抗的情况下，轻而易举地平定了吴国。由此可见，民心的归附胜过千军万马的征讨。

一个企业也是这样，也要做出一些取信于人民的实际事情，比如捐款赈灾，多做一些有利于人民的事情，让人民看到企业对社会的贡献；另外，想要取信于民，就必须具有良好的管理制度，生产出过硬的产品，售后服务要做得周到细致，让人们切切实实地感觉到这个企业的货真价实。

唐朝贤相魏征更是把取信于民作为自己施政的大纲，他时刻铭记隋朝灭亡的历史教训，以自己的忠贞把大唐民众的心牢牢抓在手里；曹操率军打仗时，丝毫不让马践踏庄稼，违令者斩，在百姓的口中也留下了好名声。

▲学会聚拢人心

人一旦有了民众的支持，就会感到底气足，做事有胜算。很多成功人物都是靠着民众的支持才得以发展提高的。学会协调各成员之间的关系，学会聚拢人心，争取民心的支持，这才是获得成功的关键。

一件事情的做成，往往需要很多的因素，它离不开众人的支持。其实那些有很大成就的人，与其说是个人的成功，不如说是集体获得的成功。就像解放战争时期著名三大战役之一的淮海战役，陈毅元帅曾经动情地说："淮海战役的胜利是山东人民用小推车推出来的。"强大的人民群体才是新中国的缔造者。还有，世界首富比尔·盖茨数百亿美元的财产，如果没有众人的配合，他自己能得到这些吗？

既然民众的力量这样强大，我们要时时调整员工们的积极性，使他们相信自己的付出必会获得大的回报。

在聚拢人心方面，飞将军李广可以说是做得不错，他能时时以自己的实际行动，来感染和影响部下，使他们死心塌地跟着英勇杀敌。据说这个飞将军李广，在行军打仗的途中，如果遇到水源和吃的东西，如果不见士兵喝水和吃东西，他不会近水边，也不会自己先吃饭。很多人都知道他为士兵吸毒疗伤的故事，他对士兵可以说是宽缓不苛，一系列的行为，使李广得到士兵的强烈拥护，士兵都愿意为他效力。

在聚拢人心方面，古代的一些帝王则是行家里手。他们最懂得如何聚拢人心，刘邦在张良等人的点拨下，做得就非常到位。

刘邦夺得天下后，分赏了很多的皇亲国戚。而那些为他出生入死、功勋赫赫的大臣很多，他们都没有得到封赏。这引起了他们的强烈不满，大臣们天天表功，都说自己的功劳如何如何大，应该得到什么封赏。一时之间，朝廷上下议论纷纷，人心浮动。这令刘邦心中十分不快，他把张良找来研究对策。张良说："大家对您迟迟不封赏功臣意见很大，甚至他们准备要造反了，造反的人甚至也包括陈平和曹参在内。"刘邦一听，心里很急，忙问张良怎么办？张良说："陛下是靠这批功臣得了天下，现在封赏的大都是皇亲国戚，将领们怕封赏轮不到自己。还有您平定天下铲除的都是一些平常怨恨的人，而这些将领哪个都不敢保证自己平时没有一点过失，怕您趁机惩罚他们。"刘邦说："这如何是好呢？"张良反问刘邦："在这些人中有没有陛下最不喜欢的人？"刘邦说："当然有了，雍齿曾多次跟我过不去，我早想把他除掉，只是他功劳挺多，一直没有忍心下手。"刘邦清楚得很，知道当前最要紧的是安定人心，在这节骨眼上，雍齿就彻底改变了命运。刘邦按着张良的对策，当天就摆下宴席，把雍齿封为二千五百户侯。

那些不满的大臣得知雍齿封侯的消息，都很高兴，心想：连雍齿都被封为侯了，难道这封赏还轮不到我们吗？就这样，刘邦封了一个不喜欢的人借以稳定和收买人心，做得算是精彩到家了，一场封赏危机也就这样过去了。在这方面，孟尝君的门客冯谖也是一个出色的笼络高手。

冯谖以前给孟尝君提了很多比较过分的要求，尽管他的门客都引以为耻，但孟尝君都答应了他。给他吃肉，吃食，出行还有车坐，还照顾他老娘的生活。总之，基本上满足了他的一切要求。这对一个普通门客来说，孟尝君待他确实不薄。

有一天，孟尝君想找一个门客到他的封地收租，寸功未建的冯谖要求主动前去。孟尝君听了很高兴，说："你去吧。"冯谖刚出发时问孟尝君："收完租子的时候，还需要买些什么吗？"孟尝君随口说道："你看看我家里还缺什么，那就买些什么吧！"

不久，冯谖来到孟尝君的封地，他派人把所有欠账的人都召来，核对完账目后，他便假传孟尝君的命令，把所有的负债契约当着他们的面全部烧掉了。百姓大悦，都以"万岁"称呼孟尝君。

于是冯谖马上就回去了，在向孟尝复职的时候，孟尝君没有料到会这么快就收完租了。于是孟尝君问他："你都是给我了买了些什么呀？"冯谖坦然地说："我看您家里，有数不尽的珍宝和美女。您所缺少的只有一个'义'字。所以我借您的命令传达给他们，让他们把欠的债约全烧了。"孟尝君听了，生气地说："你算了吧！"

一年很快就过去了，孟尝君被新继位的大王削了官职，过去的门客几乎都走了。只有冯谖和他回到封地，当他们离封地还很远时，封地的百姓就已经对孟尝君夹道欢迎。这时的孟尝君热泪盈眶，回头对冯谖说："先生为我买的义，今天算是终于看到了。"

后来，孟尝君又在冯谖的策划帮助下，官复原职，且靠冯谖的协助，孟尝君没有发生什么大的过失。

▲广施爱心

与社会共享财富，如果你研究过有钱人的创富过程，你会发现他们总是在和别人分割财富。当一个人的资本达到了一定数量时，从某种意义上说，这个资本已不仅仅是属于他个人，更属于整个社会。

西方的“市民社会”的传统与精神，使得个人更注重自己对于社会的价值与责任。因此，后半生散发财富，同前半生聚敛财富一样，已经成为美国富人们同样倾心追求的事业，其深远的社会意义也被彰显出来。

富豪愿意捐钱的原因：“在美国，你可以随心所欲地聚敛财富，你可以拥有极多的财产。只有一个条件，你必须有所回馈，而且必须有人注意到你这样做。”最初看到这些信息，人们大多以为美国的亿万美元捐款都是出自一些富翁或名牌大公司，但他们错了。据统计，美国每年有上千亿美元的捐款，其中80%是个人捐赠，而他们中70%是普通人。

富人对自己的成功有着深深的感激，非常了解他们的责任。值得注意的是，并不是说所有有钱人应该负责处理他们的钱，而是说所有幸福的有钱人，也有义务关心那些收入较少的人。钢铁巨头卡内基有句话刚好切中要点：“多余的财富是上天赐给的礼物，它的拥有者有义务终其一生将它运用在社会公益事业上。”

美国人非常强调个人主义，强调个人奋斗和残酷的竞争、淘汰；另

一方面，又非常具有公益精神。“我不是对财富王朝的热衷者，特别是当世界上60亿人还比我们穷得多的时候。”股市最伟大的投资家巴菲特这样评价自己的义举。

许多人在探究这一现象背后的动机时，总忘不了特别强调他们身上所折射出来的精神气质与高尚的道德品质。

当一个人拥有了或许几辈子都花不完的金钱后，那还有什么是他值得追求的？答案是：一些抽象、形而上的价值反馈到现实中，则是一些回归人性的善举。在所有首富中，一半以上的人是他们国家中最大的慈善捐赠者。

这其中无疑包含了对捐赠的鼓励因素。卡耐基就此曾经说过，在巨富中死去是一种耻辱。可能他也确实担心“富人进天堂比骆驼进针眼还难”，但一个伟大的慈善事业家，其实是有着更为崇高的道德冲动与现实关怀的。因此，卡耐基表白，如果财富使得原本是兄弟的富人与穷人成为仇家，那么将引发巨大的社会悲剧，富人们也因此而被钉在历史的耻辱柱上。

所以人们看到，美国的个人捐赠行为与基金会规则，绝大部分都是以医疗教育、扶贫为落脚点。

不可否认，“名声”这个极有魅力的字眼，决定了在物质丰富之后追求精神的档次。如果你想让自己高贵起来，就必须让周围的人正视或仰视你。

在这个商业繁盛、规则大变的经济时代，狡诈之心仿佛有了巨大的用武之地。可是，恰恰在这个时候，“名声”才显得尤其可贵，因为，人的生命是有限的，其内涵是无限的，靠什么去增加生命的内涵，只有靠奉献爱心去赢得好名声这种途径。古往今来，被后人怀念的都是一些堂堂正正做人、自己富了去帮助弱者的人，他们的光辉形象将永世长存。

细细想来，像比尔·盖茨这样富裕人的良心，还有权威专家们的思想认识，给我们上了一堂真实而生动的人生示范课。在认识到对社会有所作为的同时，也使人不断提升自身的道德品质，在奉献爱心的过程中，慢慢修炼得道。

谈起巴菲特，谈起慈善，许多美国富人都认同钢铁大王卡内基的观点：“一个人到死的时候还是家财万贯，这是一种耻辱。”

法国首富利利雅娜现在已是80多岁的老人，而她在她丈夫死去后的大部分时间里，唯一热衷做的便是经营以她父亲与丈夫名字命名的基金会，现在那是法国获得捐助最多的基金会之一。还有20世纪初的美国首富安德鲁·卡内基，他由一个纺织女工家的穷小子成长为一代钢铁大王，他在晚年把绝大多数时间都投入到了慈善和宗教事业之中。与他同时代、一手打造了华尔街的美国金融家J·P.摩根在晚年大量购买艺术品用于捐赠，死后仅留下数千万元美金，当洛克菲勒得知这个数字后说，“摩根都算不上是一个富人。”而洛克菲勒在他的晚年也走上了与摩根一样的道路。现在没有几个人不知道洛克菲勒的。

不少美国人认为，人在世上是作为管家来管理上帝交托给他们的财富。他们不是财富的真正拥有者，生带不来，死带不去。孩子们从小就为各种事情捐钱，他们认为帮助有需要的人是理所应当的。

▲做精神上的领袖

如果你要管理和控制别人的时候，一定要让别人感到自己是在心甘情愿地追随你，而不是运用权力和武力，否则，你可以使他口服，但你不能使其心服；你可以控制他的手和脚，但你控制不了他心中的不满和愤怒。

现在提倡做领导，不做权力上的领导，而是做精神上的领导。即以自己的意识形态去主导和控制别人。这样，你才能更好地完成你的领导角色或人生的成就，发挥你的影响，让别人愉快地接受你的管理和指示。如果能做到这一点，你就要有过硬的本领，以及高尚的情操和修养。如果你是一位自私自利的人，动不动对别人颐指气使，这种作派会激起人们的反感，就不适合做精神领袖。这就好比强迫的婚姻，你可以控制一个人的身体，但你控制不了他（她）的心灵，你也就得不到他（她）的真爱。只有做他（她）精神上的爱人，才能获得真正的爱情和真正的幸福。

一个人要想成为精神领袖，就必须做好自己对群体的一种无私的责任感，而不只是为了自己的利益，必须要让你的“臣民”都有一种人生的归属感受，而不只是满足自己的权力感和虚荣心。这就意味着自己要为你所领导的集体有奉献精神。这样，你才是一个成功的精神领袖，否则，你不是被轰下台去，就是留下骂名。

一个人想要完成自己的人生伟业，身边一定要有为自己死心塌地干事业的一帮朋友，让他们感到是在为你奋斗的同时，也感到是在为自己工作，让他们感到你们是共生共荣的群体。

在合作至上的时代，当一个群体为了一个奋斗目标而行动的时候，那就离不开管理，但并不是人人都能胜任管理这一职责。因此有的人就不会以做一个领袖作为自己的奋斗目标，因为领袖也不是那么好当的，他们以为有自己的一日三餐，然后自由自在地干自己的事就是莫大的福分。比如，可以躺在温暖的太阳光下，尽情地酣睡。而不喜欢为了自己的群体有操不完的心，身心俱疲。得到权力的人，可以满足自己的虚荣心，但你也要有一种群体的责任心，成千上万的事情等着去处理。你一旦有个过失，会被你的属员把事情无限地扩大，你就会被迅速而无情地赶下台去。所以，要想成为一个有实力的精神领袖，就必须尽到为自己领导的群体的责任。

据美国的一项民意调查显示，美国民众想做总统的人并不是太多，也就是说，美国民众不把做总统这一荣耀当做自己的奋斗目标。他们认为当领袖也不是那么好玩的，领袖总有为民众处理不完的事务，倒愿意做一位自由自在的普通的民众或者在其他的领域发展自己。

可能依你现在的自身条件，还不能达到做一个精神领袖的标准，但你可以通过修炼来达到这个目的。刻苦地训练自己的本领，提高自己的修养，树立一种集体的强烈责任感，以达到别人所不能达到的高度。一旦有了这个高度，还要确立自己的精神领袖地位，一个人要想树立自己的精神领袖地位，一定要以民众的利益为先导，尽到自己一个作为精

神领袖的责任。大家都知道，邓小平功成身退之后，虽然身上没有职务了，但他在人们心目中的影响力还在，他还能以一个精神领袖的魅力为人民做一些实际工作。一个真正的领袖并不是牢牢地抓住权柄不放，比如，民国时期的孙中山先生，虽然屡次在和军阀的较量中败下阵来，但他作为人民谋福祉的精神领袖，总能得到人民的拥护，一次次被推上权力的高位。

一些聪明的管理者也深谙此道，他们不是在台上指挥一切，他们认为一个人的能力毕竟是有限的，形势不是由一个人智慧就能控制了的，即使有了一些惊人的进展，也肯定在以后有运行不下去的那一天。而如果能把全体成员的智慧集中起来，让他们一心一意地为着这个利益攸关的群体之间而努力奉献着。自己则可以只起到引导的作用，以一个精神领袖的魅力，影响和带动集体之舟。

如何才能做一个精神领袖呢？下面几点值得借鉴。

1. 把民众放在第一位

只要你把民众放在自己心中的首要位置，你才能心甘情愿地为民众采取一些实实在在的行动，才能关心和珍惜他们，才能关心他们的利益，支持他们，给他们以力量的鼓励，让他们去做好每一件事情。一旦你这样做了，效果是非常惊人的，民众受到你的鼓舞感召之后，他们将把心中的无限潜力和对工作的激情，完全释放出来。因此，他们做出来的事情都将是那么完美和令人惊叹的。这样，你永远不用担心，他们人前一套，背后一套了。

2. 掌握你的民众的需要和工作动机

一个精神领袖了解了这点以后，才能为自己的民众营造一个良好的发展环境，也只有在这种环境下，在达成自己目标的同时，也帮民众完成了他们的个人需求。

3. 发挥个体各自的特长

一个民众心目中的领袖要了解每一个民众，每个人究竟有几斤几两，能适合做什么事情，自己一定要心中有数。并包容和欣赏新生成员个体的差异性。什么样的人做什么样的事情，让他们充分发挥各自的长处，达到最佳的资源搭配。

4. 加强集体的凝聚力

在注重个体发挥自身优势的同时，也一定将焦点集中在他们同心协作和甘苦与共的感觉上。即加强集体的凝聚力。大家都知道这样的道理，如果一个组织能够精诚团结的话，往往能取得令人不可思议的成就。

5. 要相信群体的每一个成员

要想使自己的组织完成最出色的工作，必须相信他们，相信他们能做出世上最优秀的产品或做好其他的事情。并且也要让他们意识到自己是最有价值的创造者。

6. 赏赐他们

有了成绩和功劳，大家一起分享。有了错误，自己能承担责任的就自己承担。

▲实现一个宏伟的群体目标

任何一个组织和群体都要拥有一个发展的奋斗目标。所有进来的成员都是具有共同目标的人，正所谓“道不同不相为谋”嘛！这个目标一定是所有成员期望达到的，如果没有成员所需要的东西，加入这个群体和组织就没有意义了。

一个组织的最终目标应是伟大的，它的上面一定要有一种耀眼的光环，如果集体实现目标后，每个成员都应享有它，每个成员都有权利直接在它中间受益。宗教在这方面就做得很好，它让自己的信徒在死后能够升入精神上的天堂。升入天堂，来世不再忍受痛苦的生活，这是人们所向往的终极目标。还要有一些小目标，一些使组织能够维持下去的目标，这些小目标可以使组织成员享受小目标实现后带来的成功感。

一个组织或群体的宏伟目标，可以让每个成员把自我奋斗实现后所应享受到的幸福归宿。这个终极目标吸引和激励着每个成员去拼搏，去奋斗。而没有目标的话，群体就会产生迷茫，成员心里可能也会想，自己加入这个组织的意义。一旦没有了意义，一个群体就不会长久地存在下去。

大目标实际上是所有成员间接的个人目标，然后再把大目标分解成组织各个负责的部门目标，部门目标要有各自部门的特色，它是所有成员一起进行的组织的活动，以满足各自不同动机的手段。其实就是成员将实现组织目标作为达到自己目标的手段和途径。这样，组织成员就会通过日常的工作，一直关注那个目标，这个目标在他们的心目中是神圣的，它对他们具有重要的意义和非凡价值。这样，大目标才会实现，因而也会给他们带来个人价值的发挥和实现。

另外，为了自己群体的目标能够实现，群体的领导者还可以设立群体独特的文化，就好比企业一样，大企业一般都有自己的企业文化。通过对组织成员的同化，培植成员对组织的认同和归属感，让大目标成为成员个人的小目标。使每个成员自觉、主动地通过培训和教育，掌握自己应该掌握的知识、技能和对公司的忠诚度。

如果一个组织的总目标能顺利地运行下去，也可以将大目标再细分化，营销学叫目标细分。细分的目标可以成为考核员工的标尺。这些针对各个成员的目标一定要体现出切合实际，一定要简明和可评估，最好是一些可量化的指标。然后就是分解给成员的目标要有挑战性，以便使每个成员激发出他们的潜力。这种分化的目标是一个动态的规划、指挥、协调的过程。它是灵活机动的，并不是一成不变的，也不是包产到户式的硬性分派工作指标。它是可以调整的目标。

成员从共同实现目标的过程中获得事业性的满足和水涨船高式的利益满足。这与目标管理——绩效考核不同，直接追求的不是以完成各自预定的目标，从而获得各自的利益。也不是“只问结果，不问过程”的自生自灭式的松散管理。领导者关注的重点在过程，在于调动组织的整体力量支持各个部门以致个人完成各自的角色任务，以达成整体目标为唯一目的。在组织的总目标和细分目标确定之后，就是考虑怎么样去实现目标了。要实现目标，可用多种方式，比如，承包和分配到人等。也可以用一些正面和反面的激励措施，在这个过程中，部门、个人追求出色完成各自的角色任务，需要动力和激励。实现组织目标与员工自我实现的一致性当然是一种动力，但这不是全部。促进目标的实现，此中不要只注重个人绩效，可适当加入一些人性化的措施，来保证行动的积极性。及时而有效的激励，使那些做工作的人越做越有动力。但如果不及时激励一下的话，他们的激情就会减低，心里就会有一种失望感，如果从心理上动摇了个人的目标，那还会有成功的希望吗？

要想实现宏伟目标，不只是简单过程的监督和控制。它应是多环节的人性化管理过程。如：逻辑顺序，即调整组织使它具有实现群体目标的结构和各自的功能，使之形成组织所需的秩序。特别是群体领袖要调整出适合实现目标的组织结构，并选出能够胜任各部门的支柱核心，形成一支强有力且有序的群体。逻辑组织顺序，从而形成具体目标的实现基础。如汉高祖刘邦在开始打天下时，他首先郑重其事地拜韩信为大将，封萧何在宰相，尊张良为军师，按照各个人才的长处，配置所需，使其成为一个适宜目标发展的组织结构体系。刘邦才能逐步地实现统一天下的雄心壮志。

▲拥有绝对的领导力

一个属于自己的组织或团体，只有自己有了绝对的领导力，为我所用，才能实现自己最终的影响力。否则，没有自己的目的，自己只是为他人做嫁衣裳，则违背了自己的初衷。

领导力就是能左右局势的能力，是能让别人心甘情愿地完成自己的或组织的目标的能力。如果一个人要想取得更大的成就，必须集合众人的力量才能实现自己或群体的宏伟蓝图，如何集合众人的力量呢？那就必须具有绝对的领导力。并不是说只有领导者才有领导力，那些德高望重、无职无权的人物往往也有着很大的领导力，领导力决定一个人的办事成效水平。美国著名领导学专家认为，无论是谁，他的成就绝对不会超过其领导能力的上限。

真正的领导力绝不是上级给予的权力和权威，也不是做首席执行官、总裁和总经理拥有的领导力。真正的领导力是来自那些做成非凡事业的普通人，就如那个在秦代时期做小亭长的刘邦，起初，他并没有多大的权力，但他的各种关系却具有巨大的能量，他能指挥得动比他官职大很多的狱官萧何，还有曹参等，他的这种非凡的领导力使他最后成为了一个影响中国的千古帝王，刘邦这一点做得可谓是非常精彩和到位。

一个具有很大威望的领导，绝不会动用权力因素来命令大家去做什么，他一定会掌握许多让人们心甘情愿去为自己或组织做的方法，从而能让大家感觉到也是在为自己做，从而能让大家主动关心和时时参与某项工作。能够充分调动起大家积极性的领导力不是权力，而是自己的影响力或人际沟通的影响力或组织领导力。

一个人具备不具备领导力，可以通过他带领员工协作工作的能力来考察。在一个组织中，如果员工都有良好的领导力，大家就会主动地去做工作，主动地赶企业的生产进度，主动地实现企业的远景，本身也不会影响到管理层的权力。反过来讲，员工们如果把属于上司的领导力分解开来，就会更有效地提升其上司的领导水平。一个富有远见卓识的领导会懂得如何调动和运用员工的这种领导力，这个领导这时才算是拥有了绝对的领导力。

虽然我们每个人都有着自己的领导力，但领导力有大有小，领导力的大小程度直接影响着自己的发展。绝对的领导力不是人们先天就有的，是可以通过后天的培养取得的。

在我们这个社会化大生产的社会，人人都会有自己负责的一项工作，所以，人人都具有自己的领导力，不论你在什么岗位上，自己必须承担起自己所承担的领导者的角色，发挥出自己的领导力。

在我们社会高度发展的今天，各种协作和合作关系变得愈来愈复杂，使愈来愈多的中外企业感受到了领导力的重要性，于是纷纷要求自己的员工能够得到这方面的培训。把其作为提高员工素质的重要一项内容来抓。一些研究领导力的专家认为，通过设置一些游戏活动，让参与的人在游戏中可以获取领导力的奥秘。领导力的核心不是相关的管理技巧，而其最重要的因素是信任和信誉。也就是说，打造领导力最基本的环节是要努力建立起信誉来。

不论企业还是个人，我们都应拥有自己的绝对领导力。所以，我们要努力而圆满地完成属于我们自己的工作任务，构建自己的社交圈子，频频出现在参加的一些积极活动中，而且还要带上我们诚恳、诚实、感恩的品质，才能拥有自己的绝对领导力。